IoTまるわかり

三菱総合研究所［編］

日本経済新聞出版社

はじめに

新聞や雑誌など、多くのメディアを通じて「ＩｏＴ」という言葉を目にする機会が増えています。ＩｏＴは「Internet of Things」の略で、「モノのインターネット化」といわれています。

しかし、そもそも「モノがインターネット化する」ということが理解しづらいうえに、非常に広範囲な業界・分野にかかわるため、その全体像をつかむことは簡単ではありません。また、解説記事や関連書籍もＩＴ用語が多数使われており、一般のビジネスパーソンにとっては専門的すぎるものがほとんどでした。

本書は、「ＩｏＴの全体像を大まかにつかんでもらい、そのインパクトを理解してもらうこと」そして「個別によく耳にする関連用語を理解し、そのつながりをわかってもらうこと」を目的としています。そのために、本書では以下のような構成としました。

まず、序章ではＩｏＴが私たちの日常や仕事の進めかたをどのように変えるのかがイメージできるよう、2030年の世界をシミュレーションしてみました。4名の登場人物たちの暮らしぶりや働きぶりを通じて、IoTの影響を疑似体験できます。さらに第1章では、「モノがインターネット化する」ということを「つながる」というシンプルなキーワードを使って説明しました。いままでとは何がちがい、どこが共通しているのか、その本質がご理解いただけると思います。

続いて、IoTの関連キーワードを紹介します。「インダストリー4・0」「クラウド」「ビッグデータ」など、よく耳にする用語について「腹落ち」できるよう、ポイントを押さえてコンパクトにまとめました。

第2章と第3章では、業界別にどのような影響があるのかを最新事例も交えつつ解説しました。第2章では、IoTによってサービスがどのように進化し、消費者との関わりかたがどう変わり、どんなビジネスチャンスが生まれるのかを展望しています。第3章では、ものづくりとサービス、製造現場と消費者との境目がなくなることによって、ビジネスモデルはどう変わっていくのか、グローバルな動きも交えながら描きます。

そして第4章では、日本の競争力を高めるために、IoTをどのように取り入れていけばよいのか、そのアイデアを披露します。

本書が、ＩｏＴへの理解を深め、ビジネスに有効に活用するための第一歩となることを、執筆者一同期待しています。

執筆者一同

２０１５年８月

IoTまるわかり――【目次】

これだけわかればOK!

ＩｏＴキーワード

第2章　消費・サービスへのインパクト

第3章　製造業・ものづくりへのインパクト

第4章 日本にとっての大きなチャンス

序章　２０３０年、ＩｏＴが変える社会

最近、ビッグデータ、クラウドコンピューティング、モバイル、ロボティクスなどの言葉をよく耳にします。インターネットを起点として、こうしたさまざまな技術進歩が起こり、以前ではできなかったことができるようになってきました。それらは、人の代わりを担ったり、日々の活動を効率化してくれるとともに、これまで人間の能力ではできなかったことを可能にしたり、時間や地理的制約を気にせずにすむことができるようにしてくれます。また、そうしたことを通じて、人の能力の可能性を広げてくれるでしょう。

接続可能なあらゆる「モノ」のデータをつなげる「ＩｏＴ（Internet of Things：モノのインターネット）」は、その中で重要な役割を担います。

では、ＩｏＴによって、どのようなことができるのでしょうか。

まず、２０３０年の世の中について簡単にシミュレーションしてみることにします。２０３０年までには、ＩｏＴにより新しいサービスが実現しているとともに、現在すでに萌芽し始めているサービスも定着していることでしょう。

それでは４人のケースを通じて、２０３０年にはどんなふうにＩｏＴが社会の中に溶け込んでいるのか、見ていくことにしましょう。

ケース1：健康志向の阿部さん（50代男性）の毎朝の健康ライフ

シーン①起床

そろそろ起床時間だが、まだ眠りの床にいる阿部さん。睡眠中は、浅い眠りと深い眠りのサイクルが適切になるよう、ベッドが脳波を検知し、ベッドの凹凸が自動的に微調整される。

そこに、室温、湿度と個人の睡眠状態、嗜好から判断して、快適に起床がしやすい照明や音楽が流れる。

少しずつ目を覚ましはじめた。以前は、奥さんにたたき起こされていたのだが、最近は自分で起きることができるようになった。さあ、起きよう。

シーン②トイレ

起床して、まずトイレに向かう。トイレは、日々の健康を最もくわしくチェックしてくれる。便器にすわると体脂肪率や体重、尿からPH、尿酸値を分析してくれる。計測されたデータは健康センターに送られる。毎日、健康診断をしてくれるようなものだ。1カ月前に、血糖値と尿酸値の数値を注意するよう指摘されたので、日々のチェックが欠かせない。

シーン③朝の運動

スポーツウェアに着替え、ランニング開始。

おっと。今日は、どれくらいの運動がいいかな。腕時計型のウェアラブル端末（人が手首や頭に直接装着するコンピュータ）ですでに血圧、脈拍などはチェックずみである。健康センターから送られてくる今日の体調チェック結果をウェアラブル端末で確認すると、公園周回コースを推薦してきた。

バーチャルに旧友と一緒に走る日があるのも楽しみのひとつだ。同じコースではないし、走るスピードも違うが、3Dの投影ができるサングラスの視界では、別の場所で同時刻に走っている旧友とも会話を楽しめる。ちょっとした時間に、ちょっとだけつながるSNS（Social Networking Service）の感覚は、日常の生活の中にも溶け込んできた。

シーン④朝食

シャワーを浴びて、着替えたら朝食。いろいろ自動化されても、朝食は、奥さんの手作りでないと嫌だ。

今日の朝食のカロリーは、どうかな。食べ物ごとのカロリー、脂質を算出。全部食べても良さそうだ（実は奥さんは、健康センターにアクセスして、家族の健康にあったカロリーメニューをわかっている）。

奥さんが留守の日は仕方ない。奥さんの料理手順が3Dプロジェクション（立体的な映像の投影）に映し出されるので、そのガイドに従って自力でやってみる。

シーン⑤サプリメント

食べ終わり、席を立ちあがったところ、ウェアラブル端末から、薬やサプリメントの飲み忘れを指摘された。これは助かった。

シーン⑥歯磨き

センサー付き自動歯ブラシで歯磨きをする。この歯ブラシは、磨き忘れたところを指摘してくれる。また先日は、軽い虫歯を早期に見つけてくれたおかげで、簡単な治療で終えることができたのでよかった。その時は、歯医者に自動で連絡してくれて（歯医者が苦手な私は、なかなか予約をとらないのだが）、歯医者から予約の連絡がきて驚いた。

シーン⑦インセンティブ

でも、毎日マシンの言うことばかり聞いているのも、滅入ってしまう。健康センターのアドバイスに従って行動するとポイントが提供される。ポイントがたまったら、何か自分のご褒美を買おう！　そうだ、奥さんとディナーに行くのもいいかな。

さて、ケース1で紹介したものは、「スマートヘルスケア（キーワード参照）」と呼ばれるテーマに関連するもので構成しています。「ウェアラブル端末（キーワード参照）」も重要な役割を果たしています。

ＩｏＴがインターネットに接続した機器からデータを収集するように、ここでは、医療・健康関係のデータを収集できるセンサーの付いた機器やウェアラブル端末を使って、人から健康に関する生体情報を収集し、その分析、活用に取り組んでいる事例として紹介して

図1　健康志向の阿部さんのデジタルヘルスライフ

イベント		IoTの世界のイメージ		
イベント	IoT対応	情報の流れ	情報の内容	情報の活用
起床	室温、湿度と脈拍、血圧、脳波から快適に起床できる照明や音楽が流れる	ウェアラブル端末⇒HEMS	体調情報	室内環境調整
トイレ	センサーが今日の体調をチェック	トイレ⇒ウェアラブル端末	尿から体調検査	体調チェック
朝の運動	今日の推奨の運動（走る・歩く速さの推奨）	ウェアラブル端末⇒健康センター	個人の運動パターン	今日の運動成果
朝食	カロリー、脂質の算出	画像認識⇒ウェアラブル端末	食べ物ごとのカロリー情報	許容カロリー表示
サプリメント	薬やサプリメントの飲み忘れを指摘	サプリメント（チップ）⇒ウェアラブル端末	飲用履歴	飲み忘れ防止
歯磨き	センサー付き歯ブラシが、磨き忘れたところを指摘	センサー付き歯ブラシ⇒健康センター	歯の状況	磨き残し防止、虫歯予兆／発見
インセンティブ	アドバイスに従って行動するとポイントを提供	ウェアラブル端末⇒健康センター	アドバイスの実行状況	ポイント付与

います。

ケース2：忙しい中、夕食の食材を買いに出かける小泉さん（30代女性）

シーン①献立て決め

今日の夕食の献立てをどうしよう。そんなとき、行きつけのスーパーから、「そろそろビーフシチューを食べませんか。今日は牛肉がセールですよ」との連絡があった。

一方、冷蔵庫に「ビーフシチュー3人前」と話かけると、「人参あり、玉ねぎなし、じゃがいも少ない」との報告があった。では、今日は、ビーフシチューにしよう。お肉と一緒に、じゃがいも、玉ねぎ、シチューの素を買わないと。

シーン②移動（店に向かう）

今日は、ショッピングセンターまではタクシーで行くことにする。ウェアラブル端末に呼びかけると近くの自動運転タクシーが認識、自宅までの到着時間を知らせてくれる。

タクシーが到着。それに乗り目的地へ向かう。もちろん、タクシーは行き先をすでに認識している。

シーン③店の中で

店についたら、カートロボットがお出迎え。カートロボットが商品の産地、鮮度、価格情報を教えてくれる。ときおり、産地の画像情報も見ながら品物選びができる。

カートロボットが、「赤ワインを買わなくてもいいですか」と話かけてくれた。そうそう、お酒のコーナーに行かなくちゃ。

シーン④自動レジ

品物選びが終わったら、カートロボットと自動レジがやりとりして電子マネーで決済完了。

シーン⑤カートが配達

もう少し立ち寄りたいところがあるので、買った商品を温度調節機能付き自動カートで家まで先に届けてもらうことにした。

シーン⑥留守宅

留守宅に荷物が届いていても、家事支援ロボットがカートロボットとやりとりしてくれるので、安心できる。重い荷物を気にせず、次の用事に対応できるのはうれしい。

シーン⑦帰宅

ドアノブに手をかけると、その家の家族として認証され、ドアが開く。また、外出先から帰ってくるころには、部屋の中は快適な室温となっている。

さあ、料理をはじめよう!

■出かけたくない雨の日の買い物

シーン②お買いもの

今日はあいにくの雨。できればスーパーに行かずにすませたい。マンションの1階には〝お買いものルーム〟がある。ここに常設されたタブレットで買いたい商品を選択すると、3Dでスーパーの陳列棚が投影される。生鮮品も間近で凝視できるので、ほぼ選択を誤らない。支払いはオンラインで。

図2　夕食の食材を買いに出かける小泉さん

イベント		IoTの世界のイメージ		
イベント	IoT対応	情報の流れ	情報の内容	情報の活用
メニュー決め	スーパーから顧客の好み、食事メニューパターン、食材の在庫情報から、推奨メニュー、食材情報を提供	行きつけのスーパー⇒冷蔵庫のモニター	今日のお買い得情報	世帯毎の買い物候補リスト
移動（店に向かう）	近くから自動運転タクシーが到着。それに乗り目的地へ向かう	個人ID⇒自動走行車	訪問先	訪問先への送迎
店の中で	商品の産地、鮮度、価格情報を見極めて品物選び	商品（コード）⇒カート(自動)	産地情報（トレーサビリティ）	品物選び
自動レジ	自動レジで電子マネー決済	カート⇒レジ	商品価格情報	買い物決済
カートが配達	買った商品を温度調節機能付き自動カートが家までお届け	個人ID⇒カート	届け先	配達
留守宅	留守中に荷物が届くと、ロボットが対応	カート⇒家事支援ロボット	荷物の内容	荷物の受け取り
帰宅	ドアノブに手をかけると認証され、ドアがオープン	生体認証⇒セキュリティシステム	本人情報	本人確認

シーン③配達

宅配業者は、すべての車両の位置、予定ルート、積載状況を、リアルタイムにとらえている。小泉さんのお買い物を運ぶのに最適な車両を検知し、ルート変更を連絡。小泉さんの元には、支払いをしてから1時間で届いた。

ケース2では、スマートハウスやショッピングセンターの中で活動するロボット、人間の運転なしで自動に街中を走行できる自動走行車が登場しました。そこでは、ＩｏＴでつながった情報を分析し、機械自らがルールや知識を作り出していく「機械学習、人工知能（ＡＩ、キーワード参照）」が活用されています。

ケース３：在宅勤務の日の鈴木さん（40代男性）のビジネスライフ

シーン①朝のミーティング

午前9時。スイッチオン。壁がスクリーンになって、今日の勤務時間のはじまりだ。まずは、スクリーン上に今日のスケジュールと対処事項が表示される。

そして午前9時15分。会社支給のメガネを掛けて設定を変えると、オフィスの会議室に座った視界になる。他のメンバーにもバーチャル参加がいるようだ。ミーティングの開始だ。部長の指示事項を聞いた後、それぞれの担当から報告だ。

発言者の声やジェスチャーに反応して、画面がクローズアップされるので、まるで会議室その場にいるみたいだ。

シーン②午前（前日作業の確認）

昨日、出荷手配した商品は、たった今顧客の手元に届いたようだ。ドローンで配達した商品に搭載したセンサーが、顧客の配達場所の位置情報を検知して、私に連絡してきた。

シーン③午前（作業依頼）

会社のモニタリングセンターから、近くの顧客先のエネルギーマネジメントシステムの部品の故障予兆の連絡が入った。

シーン④午後（作業準備）

該当する修理部品の設計データが会社から届いた。これから3Dプリンターで自動作成される。

その間に訪問準備をしよう。

シーン⑤午後（現地作業）

3Dプリンターで作成された部品を持って客先へ向かう。今日の修理はあまり経験したことのない作業内容だ。

でも、修理現場では、グラスメガネをかけて、作業をガイダンスしてくれるから安心だ。稼働データをみると、使われかたが少し変わったみたいだ。後で担当者の方に確認しておこう。今後の開発や改善のヒントになるかもしれない。

シーン⑥夕方（作業報告）

作業が終わって客先から帰宅すると、すでに今日の業務日誌ができあがっている。確認ボタンを押せば、今日の勤務完了。

図3　在宅勤務の鈴木さんのビジネスライフ

イベント		IoTの世界のイメージ		
イベント	IoT対応	情報の流れ	情報の内容	情報の活用
朝のミーティング	朝のミーティング、テレビ会議の招集	音声、画像センサー⇒スクリーン	発言者ごとの発言内容	発表社ごとの議事録
午前（前日作業の確認）	昨日、出荷手配した商品は、顧客の元に配達との連絡	荷物についたタグ⇒スクリーン	荷物の配送履歴	配送確認
午前（作業依頼）	会社から、近くの顧客先のエネルギーマネジメントシステムの部品の故障予兆の連絡	顧客先の機器⇒モニタリングセンター	稼働状況	部品取り替え時期
午後（作業準備）	修理部品の設計データが会社から届く。3Dプリンターで自動作成	設計センター⇒3Dプリンター	設計情報	製品（部品）作成
午後（現地作業）	部品を持って客先へ。修理現場では、グラスメガネをかけて、作業をガイダンス	メンテナンスセンター⇒グラスメガネ	取付マニュアル	取り替え、据え付け作業
夕方（作業報告）	帰宅。今日の業務日誌ができあがってくる	各機器デバイス⇒個人ID⇒作業管理センター	位置と各モノへのアクセス状況	業務日誌

お疲れさま。さて、スクリーンで大好きな映画でも見よう！

ケース3で紹介したものは、在宅勤務を中心としたワークスタイルです。IoTでさまざまな情報がつながることで、効率的で効果的な仕事を可能にします。無人航空機「ドローン（キーワード参照）」、立体物を表すデータをもとに三次元のモノを造り出す装置である「3Dプリンター」、現場情報とノウハウ情報がつながって、作業をアドバイスするメガネ型の「ウェアラブル端末」などが活用されています。

ケース4：商品企画担当の吉田さん（20代女性）のビジネスライフ

シーン①企画テーマの抽出

地域の仲間たちと地元の文化資産、伝統芸能の技を使って何か企画していきたい。SNS上に今度の商品企画の参考となるキーワードはないかな？　かつては、検索に時間がかかっていたけど、今は瞬時に参考となる情報を探してきてくれる。

何か、最近「陶器」がはやっているみたいだ。

シーン②検討素材の収集

私たちの町も焼き物を作っているんだけど、少しマイナー。何か良いデザインや使い方を発表してメジャーにしていきたい。
もう少し、アシスタントロボットに参考となるデザインや用途に関する情報を集めてもらっておこう。

シーン③企画メンバーの招集

どんな人がどんなアイデアを持っているかな。とにかく仲間を集めるのと、検討に有識者に入ってもらおう。こちらも、どんな人に相談すると企画が広がるかアシスタントロボットに調べてもらうことにする。
事務所に来るのは、森さん、橋本さん。今回、アドバイザーで会議に参加してもらう、和田さん、安田さんにはテレビ会議で入ってもらおう。

シーン④会議

さあ、会議をはじめよう。

まずは、アシスタントロボットが集めた情報をホワイトボードに映写。
議論、アイデアは、随時インタラクティブにそれぞれの端末から書き込む。
和田さん、安田さんからも書き込んでもらえる。

シーン⑤会議とりまとめ

今日の会議で出たアイデアをアシスタントロボットが総括。
さあ、いくつかの商品アイデアを、3Dプリンターを使って、試作しよう！

ケース4で紹介したのは、友人・知人間のコミュニケーションをとることが目的のソーシャル・ネットワーキング・サービスである「SNS」も活用しながら、コ・クリエーション（価値共創）しているようすです。

IoTは、ユーザーに関する情報が入手しやすくなった結果、製品を良くしたり、開発したりする能動的活動が活発化します。多様な人たち、専門家、ユーザー、ステークホルダーと対話しながら新しい価値を協働で生み出していくコ・クリエーションがしやすくなります。

図4　商品企画担当の吉田さんのビジネスライフ

イベント		IoTの世界のイメージ		
イベント	IoT対応	情報の流れ	情報の内容	情報の活用
企画テーマの抽出	SNS上から商品企画のヒントを抽出	SNS上のビッグデータ解析⇒アシスタントロボット	最近の話題・キーワード	商品企画ヒント
検討素材の収集	SNS上から商品企画のヒントを抽出	SNS上のビッグデータ解析⇒アシスタントロボット	最近の話題・キーワード	商品企画ヒント
企画メンバー召集	SNS上から一緒に検討すると良さそうなメンバー候補を推薦してもらう	SNS上のビッグデータ解析⇒アシスタントロボット	メンバー候補	メンバー召集
会議	遠隔でもインタラクティブにホワイトボードで書き込み内容も含め共有	メンバーの端末（各自好みのもの）⇒ホワイトボード	持ち寄った素材	アイデアブレスト
会議とりまとめ	アシスタントロボットが関係するアイデア群を編集、整理	ホワイトボード⇒アシスタントロボット	議論内容	アイデアの整理

ここで紹介した４つのケースは、人を視点にしたＩｏＴ活用を表現しました。このほかに、企業の事業運営や公共施設の運営など、いろいろな観点からＩｏＴは活用されます。

では、ＩｏＴとは何か。それを活用して、各分野、各産業でどのようなことが行われつつあるのでしょうか。１章から見ていきましょう。

第1章

「IoT」を大づかみしてみよう

1　わかりづらい「Internet of Things」を整理する

この本を手に取った方は、「ＩｏＴ」という言葉を聞いたことがあるでしょう。また、これを読んでいる方の多くは、ＩｏＴが「Internet of Things」の略称で、日本語では「モノのインターネット化」と少し奇妙な言葉で呼ばれていることをご存知かと思います。「モノのインターネット化」では、何を表しているのかわかりにくいので、ここでは「ＩｏＴ」そのものについて、すこし考えてみようと思います。

そもそもモノ（Things）とは何を指すのか

まず、Thingsとは、何を指すのでしょうか。直訳すると「物」ですが、ここで言うThingsはこの世界に存在するあらゆる「形のある物」を指します。身近な例を挙げれば、テレビ、車、電化製品のように私たちが日常的に使う物や、時計、スマートフォン、眼鏡など普段から肌身離さずに持っている物、さらに、洋服、くつ、財布といった電子的でないアナログな物もThingsの中に含まれます。

さらに小売店の例で考えると、販売している商品はもちろん、照明、空調、商品棚といったお店の設備もThingsですし、場合によっては来店したお客様や従業員までもThingsと捉えることもできます。

このように、Thingsの指す範囲は、インターネットにつながりやすいデジタル機器に限ったものではなく、アナログな物も含まれる上に、人間もその対象に含まれます。したがって、本書ではThingsの指す範囲をカタカナの「モノ」と記述します。直訳である従来の物よりもはるかに広い範囲を指しているためです。

「モノがインターネットでつながる」とはどういうことか

改めて整理すると、あらゆるモノ（Things）がインターネット（Internet）につながることをＩｏＴと呼んでいる、ということになります。もちろん、単純につながるだけではなく、つながったモノ同士が、色々な「やりとり」をすることが可能です。

インターネットにつながったモノ同士がやりとりを始めると、私たちの暮らしも、ほぼすべての産業、経済活動も大きな影響を受けることになります。その具体的な影響については、第2章以降でくわしく述べます。

そして、いま「モノがインターネットでつながる」という世界が急激に拡大しようとしています。

通信機器グローバル大手のシスコシステムズ社の予測では、世界中でインターネットにつながるモノの数は、２０１４年時点では90億個ですが、２０２０年には５００億個まで広がるとされています。これは２０１４年の５倍以上です。

このモノの数を現在の世界人口で単純に割ると、２０１４年では全世界平均で１人１個のＩｏＴであったものが、６年後には１人５個に増えるということになります。２０１４年から5倍に増えたモノは、それぞれやりとりを行います。このため、インターネットを通じて膨大なデータ（ビッグデータ）が発生することになります。そして、このデータを蓄積し、分析することにより、今度はモノに対して何らかの動きを自律的に行う、また人に対してより良い選択肢をオススメしてくるなど、これまでになかった新しい価値を生み出すことができるようになります。

このように、ＩｏＴが普及することによる最大のインパクトは、モノがインターネットにつながることで、まったく新しい価値が生み出される点です。なぜ新しい価値が生み出されるのかといえば、モノがどのように使われているかという「使いかた」を把握して、

図表1－1 モノがインターネットでつながる

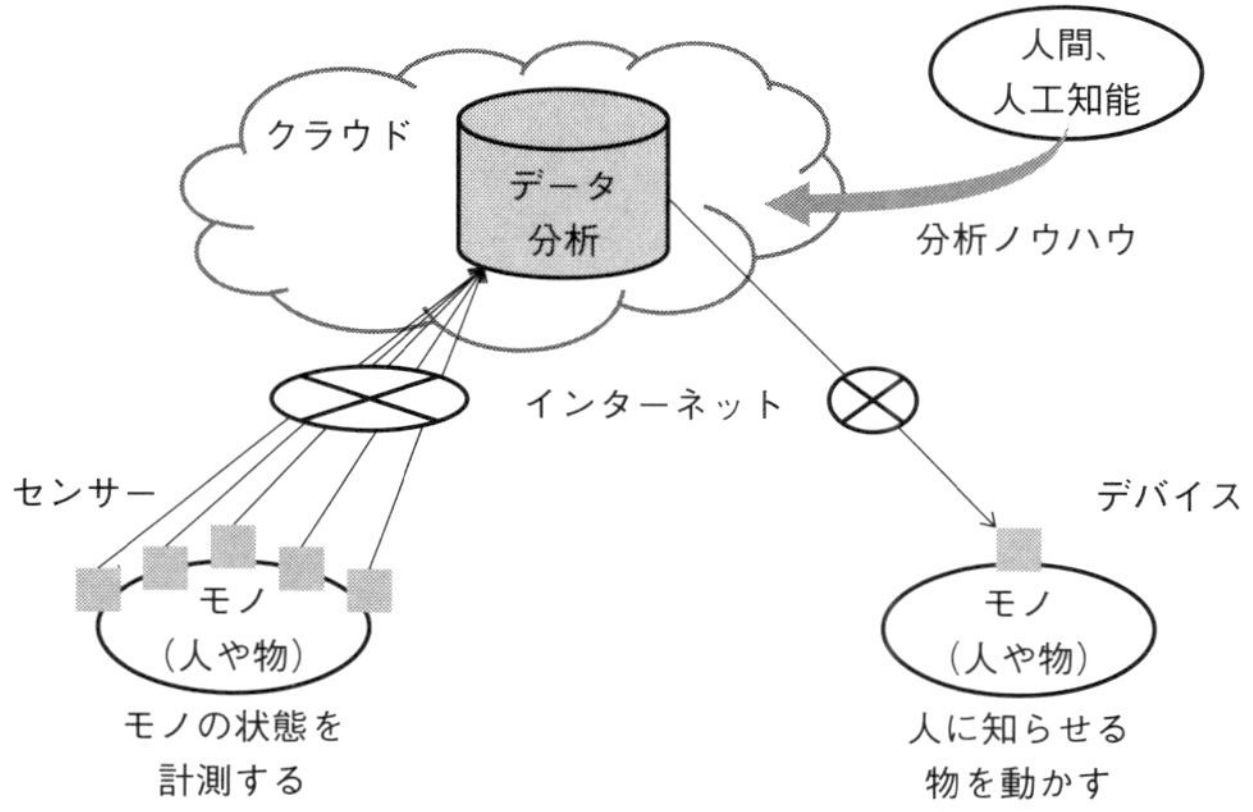

使う人にとってより良い使いかたを、モノ自身から発信できるからです。

今日、われわれはすでに多くの「つながったモノ」に囲まれています。スマートフォンはもちろん、家電、自動車、ビル、店舗、工場などにもセンサーやデバイスが組み込まれ、つながる準備はできあがっています。これから、「つながったモノ」からどのような新しい価値を生み出すのかという競争が始まるのです。

昔から「モノ」はつながっていた

「モノがつながっている」という発想自体は、ずいぶん古くからありました。

モノのうち「人間同士がつながる」とい

うことについて改めて考えてみると、人間同士は大昔からコミュニケーションを取ってきました。対面での意思疎通はもちろん、洞くつの壁画やのろしといった媒体（メディア）も駆使してつながっていました。近現代となり、新聞、ラジオ、テレビなどマスメディアが普及して以降は、それらが中核となって広範囲にわたるコミュニティが構築されてきました。しかし、ここまではアナログで一方通行の「つながっている」世界でした。

「人間同士がつながる」の歴史を振り返ると、何といっても20世紀末からのインターネットの普及が大きな転機となりました。インターネットは、人と人とのつながりをデジタルで双方向なものとしました。具体的には、電子メール、ウェブサイト、電子掲示板などを使うことで、コミュニケーションの範囲も深さも飛躍的に進展しました。

しかし、それでもまだ人間同士に限定されたつながりです。人間がインターネット上から必要な情報を得たり、さまざまなインターネット上のサービスを活用したり、人間同士でやりとりをすることが中心でした。モノが「やりとり」をするという所までは、まだ至っていません。

次に、人間以外の「モノがつながっている」ということの歴史を振り返ってみましょう。これまでは機械を中心に自社製品からデータを取って、取ったデータを活用しようという取り組みが多くの企業や産業で行われてきました。その代表的なものとしては、M2M（Machine to Machine）というキーワードがあります。機械が自身の状態を他の機械に送って、他の機械が何らかの動きをするという機械同士がやりとりする仕組みです。これは、単なる掛け声に終わらずに、実際の取り組み事例や、その効果についても数多く紹介されてきました。

M2Mの仕組みは、IoTのコンセプトである「モノがつながってやりとりをする」と同じように感じる方もいらっしゃるのではないでしょうか。しかし、IoTとの根本的な違いは、M2Mは主に効率化を目指し、IoTは主に価値創造を目指すという点です。

M2Mの活用事例の多くは、いまの仕事のやり方や機能が自動化、自律化されるという「これまでの仕事を効率的にする」ということを目指したものでした。IoTのように新たな価値を生み出した事例はほぼなかったのです。

「モノがつながってやりとりをする」ということの技術的な実現性では、M2Mの普及により十分可能である（あるいはすでに行われている）ということは証明されています。したがって、いま時点でのIoTの新しさは、「技術的につなげられるようになった」ということではないのです。繰り返しになりますが、モノの「使いかた・使われかた」を把握して、モノ自身がより良く使われるようになるという、「新しい価値を生み出す」点が、これまでとは異なっているのです。

では、なぜいま注目されているのか

これまで見てきたように、「モノがつながっている」ということ自体は新しい発想ではありません。それでは、なぜいまＩｏＴが注目されているのか、ここで確認しておきましょう。

ＩｏＴを活用するためには、最低限、「モノ」と「データを集めて分析する環境」が必要になります。この2つの分野において、次のような4つの大きな変化が起きています。このため、ＩｏＴが注目されているのです。

1つ目は、モノに搭載するセンサーが安くなり、その種類も多くなったことです。これまで、センサーといえばプロフェッショナル向けのものが多く、センサーの精度も非常に高いものが求められていました。しかし、多くのモノにさまざまな目的でセンサーを組み込むニーズが表面化したことで、多くの種類のセンサーを、目的に合った精度で、多くの人に提供できるようになったのです。

２つ目として、センサーが安くなったのと同様、端末（デバイス）が安く手に入るようになったことが挙げられます。かつては、センサーと一体化した専用端末を使って、計測したり結果を表示したり操作したりしていました。ところが、スマートフォンの爆発的な普及は、それまでの専用端末の必要性をほとんどなきものとしてしまいました。スマートフォンが専用端末に置き換わってしまったのです。

３つ目は、センサーから発生したデータをつなげる通信環境です。わが国では、従来から光回線など有線ブロードバンド通信環境の整備が行われてきました。インターネットサービスプロバイダ間の競争も常に行われており、安く高速な通信インフラの発展が影響しているのは、言うまでもありません。加えて、公衆無線ＬＡＮ、携帯電話回線など無線回線の整備拡大がＩｏＴの普及に貢献しています。

４つ目は、集めたデータを蓄積するインフラと、データを高速に分析する技術です。これらはＩｏＴを推進する技術の進化のなかで特に重要な要素です。これまでは、独自にサーバーを構築するところから始めなければならないことも多く、データを蓄積するだけでもかなりの時間と手間と費用が必要でした。しかし、クラウドサービスの発展により、早く安く手軽にデータを蓄積できるようになりました。また、データ分析サービスを活用することで、データ分析の基盤が安価で購入できるようになったのです。

現時点では直接関係ありませんが、機械学習（Machine Learning）や人工知能（ＡＩ＝Artificial Intelligence）といった技術が進展し、この技術を応用したサービスの実用化がすでに始まっています。これらの動きもＩｏＴの活用シーンの広がりに一役買っています。

2　キーワードは「つながっている」ということ

ここまで、ＩｏＴとは「モノがつながってやりとりをすること」だとお伝えしてきました。

ここからは、「モノがつながってやりとりをすること」が、私たちの日常生活にどのような影響があるかをみていきましょう。つまり、私たちが、他人やモノと、「つながっている」状態になり、つながっているもの同士でやりとりをすることが、どのような状態であるのか想像してみることにしましょう。

まずは、わかりやすい事例として、現在の「自動車」を取り上げます。自動車のＩｏＴ

については第3章で取り上げていますが、ここでは「つながってやりとりをする」ということだけに絞ります。

これまで、自動車と直接やりとり（会話）することはありませんでした。自動車からの情報提供は、運転席にあるさまざまなメーターやインパネ類で行われてきました。そうした機械的な情報だけでも愛着が生まれやすい自動車で、「つながってやりとりする」ことが始まると、どのようになるのでしょうか。自動車オーナーと電気自動車の間でのコミュニケーションを想像してみましょう（次ページの図参照）。

自動車に限らず、こういったやりとりが現実のものになりつつあります。ただし、このようなモノとのやりとり（コミュニケーション）が、いきなり今の人間同士のようなレベルの高いものになるわけではありません。実際には、きわめて原始的なコミュニケーションから始まることになるでしょう。

例えば、何かの機械が故障したとき、スマートフォンに「故障しました。メーカーに連絡しますか？」という定型のメッセージが自動配信されるというレベルの「やりとり」からスタートです。いきなり機械に目や口や耳の装飾が付いて擬人化され、それらの機能を

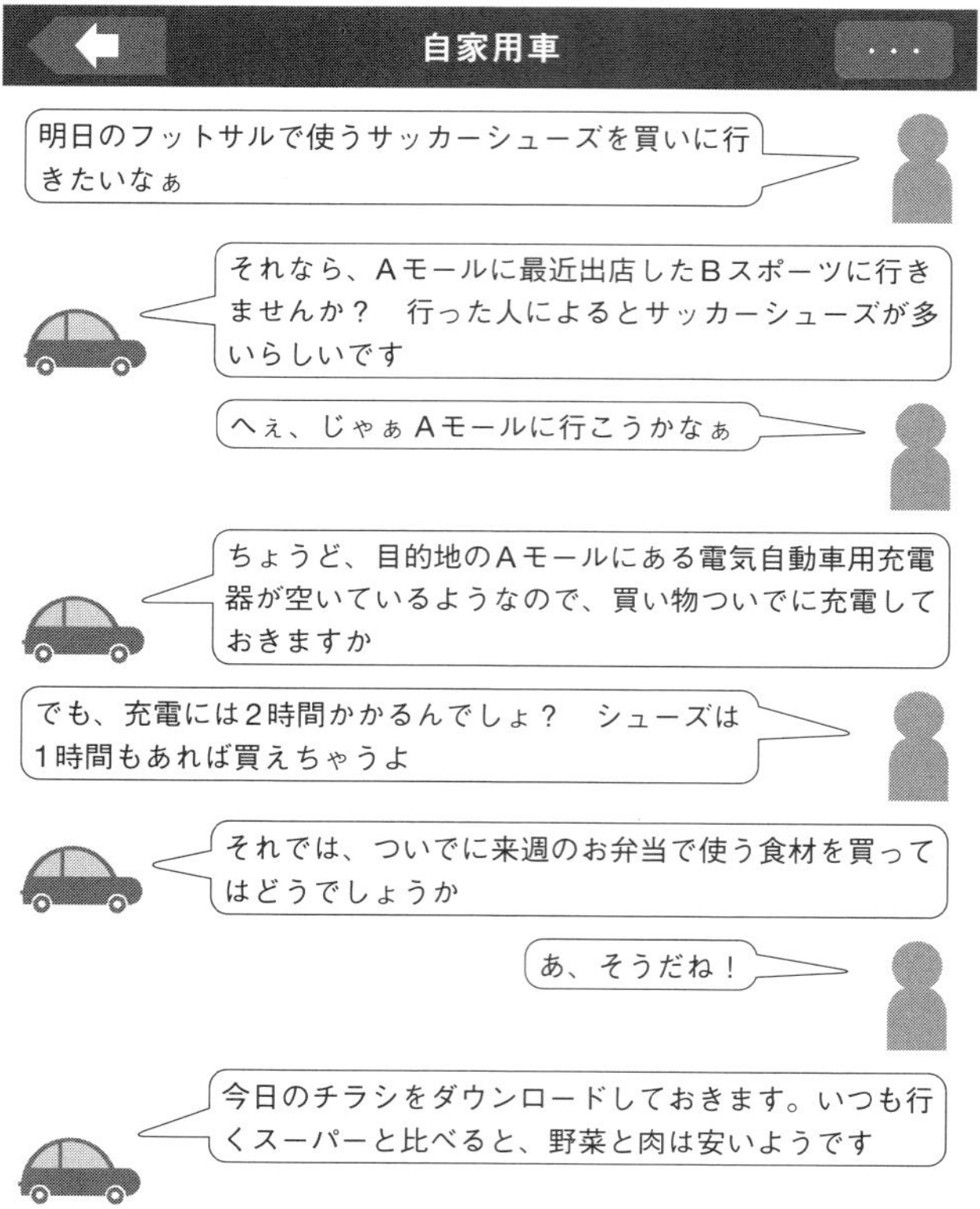
自家用車
明日のフットサルで使うサッカーシューズを買いに行きたいなぁ
それなら、Aモールに最近出店したBスポーツに行きませんか？　行った人によるとサッカーシューズが多いらしいです
へぇ、じゃぁAモールに行こうかなぁ
ちょうど、目的地のAモールにある電気自動車用充電器が空いているようなので、買い物ついでに充電しておきますか
でも、充電には2時間かかるんでしょ？　シューズは1時間もあれば買えちゃうよ
それでは、ついでに来週のお弁当で使う食材を買ってはどうでしょうか
あ、そうだね！
今日のチラシをダウンロードしておきます。いつも行くスーパーと比べると、野菜と肉は安いようです

使った高度なやりとりが始まるということではありません。

ここまで見てきたように「モノがつながってやりとりをする」状態について、カタカナを使って、もう少し難しくイマドキの表現をすると、

「スマート化したモノが、ソーシャルネットワーク上で、他のモノや人とコミュニケーションを取る状態」

ということになります。

ここでは、このカタカナだらけの内容についてくわしく述べていくことにしましょう。

「スマート化」とはモノがモノに感じられなくなること

ここで改めて「つながっている」というのはどういうことか整理します。まず物理的な面からみると、モノに対して次のような部品や機能が取り付けられていることを意味しています。

- モノ自体の状態がわかるようなセンサー
- センサー情報を処理するコンピュータ機能
- 他のモノに発信する通信機能

これらの部品や機能が付与され、通信回線を通じてモノの状況がわかることで「つながっている」状態になります。先ほども述べましたが、「モノとモノをネットワークでつなげる」ということは、古くから存在しているコンセプトです。例えばM2Mでは、すでに機械同士がつながっている事例が多くあります。

先ほど、IoTとの違いは、やりとりをすることができて、ユーザーにとって新しい価値を創造できるかどうかだ、ということを述べました。それをもう少し、かっこいい言い方をすると「モノが〝スマート〟であるかどうか」ということになります。

ここでいう「スマート」とは一体何でしょうか。IoTやM2Mに関係する言葉で、スマートコミュニティ、スマートグリッド、スマートファクトリー、スマートヘルス、スマートハウスなど「スマート○○」というものがあります。本来、スマートとは「賢明な」「きちんとしている」という意味ですが、昨今のスマート○○は、現在の状況をとらえるセンサーと、他の人や機器と通信できる機能と、自律的に何らかの制御ができる機能があるシステムを指すようです。

ここまでは、M2Mの機器と大きな違いはありません。スマートであるには、人間（ユーザー）に対するスマートさとして、高度に洗練された画面（ユーザーインターフェース＝UI）やユーザーの体験（ユーザーエクスペリエンス＝UX）が重要な要素となっています。

つまり、高度な情報処理能力を持つ「モノ」だということを使っている人に忘れさせて、まるでモノ自体が、人間の替わりに何かを考えて、その結果を自然な形で伝えてくるといった、UXやUIを最優先に考えられているシステムであることがスマートと呼ぶ条件と言えます。

まとめると、IoTが普及した世界でいうモノとは、ユーザーからするとモノであることを忘れさせ（そもそもモノであるかどうかさえ気にならなくなり）、モノが自律的に判断した上で、全体の中で最適な制御を行うようになると言えます。これをモノのスマート化と捉えています。

現在取り組まれている「スマート○○」の具体的な事例については、本書の「キーワー

図表1－2　自動化とスマート化の比較

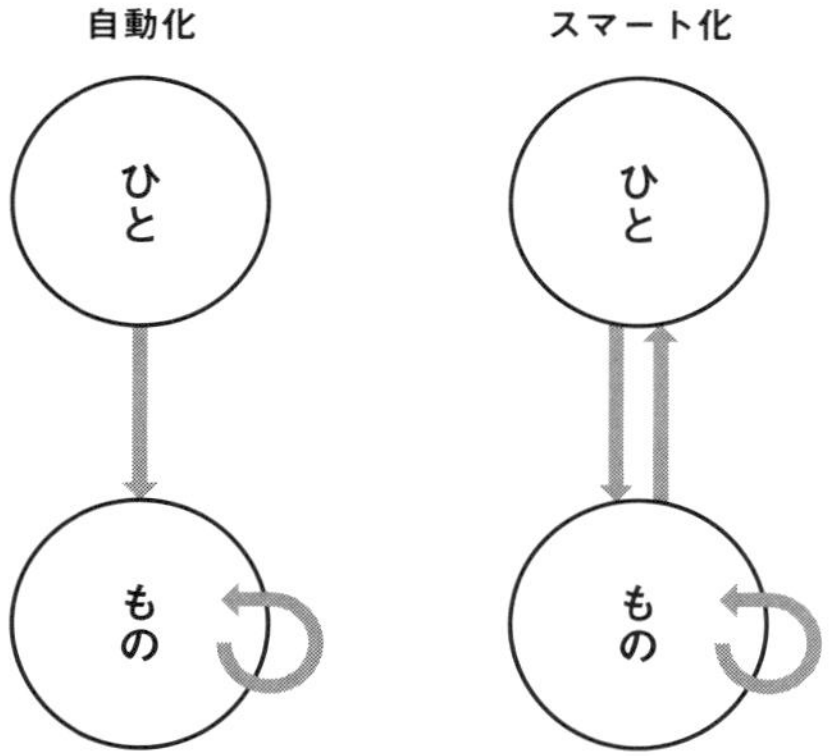

ド」で解説しています。右の内容をご自身なりに解釈しながら読むと、さらに理解が進むかと思います。

モノも人も、ソーシャルネットワーク上へ

スマート化したモノは、他のモノとやりとりをすることができます。先ほどのように自動車を例としてみると

自動車「後輪の動きがちょっとおかしいです。メーカーに連絡しておきますね」

とオーナーに問いかけると共に、自動車メーカーのサポート窓口に対して、動きがおかしい部分の稼働データ、周辺の関係する部分のデータを送信し、原因と対策を検討するようなやりとりを行います。

ところで、ネットワークを通じて双方向のやりとり（交流）を行うインターネット上のサービスを「ソーシャル・ネットワーキング・サービス」（ＳＮＳ）と呼びます。これまで自分の中だけであったり、一方通行であったりした情報を、社会（ソーシャル）に出すことをソーシャルネットワークととらえています。

ＩｏＴの世界では、つながったモノは同じソーシャルネットワーク上でやりとりをすることになります。現在のＳＮＳは、個人同士のやりとりがメインですが、これからはモノもＳＮＳに入ってくるでしょう。モノの視点からすると、Ｍ２Ｍのような物中心（信号中心）のネットワークから、人間が使っているＳＮＳの中に、スマート化したモノを参加させるということにシフトします。したがって、ＩｏＴビジネスを始める、あるいはＩｏＴを活用し始めるときは、ＳＮＳとどのような関係性を持たせるのか考える必要があります。

ツイッター、フェイスブック、ＬＩＮＥといった今のＳＮＳが10年後も存在しているかどうかはわかりませんが、別のアプリケーションになったとしてもＳＮＳ自体は存在し続けます。さまざまなＳＮＳアプリケーションが生まれては消えていく中で、スマート化したモノはソーシャルネットワーク上で存在し続けることになります。

今の社会人の大半は、社会に出てから、あるいは学生時代から、ＳＮＳに触れた人々です。言い換えると、自分が先にソーシャルな存在になってからSNSに触れたわけです。

しかし、これからは物心ついたときからSNSやスマートフォンがあった世代が社会に出てきます。自分がソーシャルな存在になる前にSNSがあるという「ソーシャルネイティブ」とも言うべき世代です。彼らが購入する物、使用する物は、ソーシャルネットワークとつながっていてやりとりできることが前提となります。モノも人もソーシャルネットワーク上でコミュニケーションを取ることが当然だという認識を持つ世代なのです。

コミュニティを作りはじめるモノ

ソーシャルネットワーク上にモノが自然な形で入り込むようになると、モノを中心としたコミュニティが形成されます。どういうことなのが、ここでも同じく自動車を例に挙げましょう。

この左図の例のように自動車というモノがソーシャルネットワーク上に存在すると、自動車を中心として、スピーカーメーカー販売店、フットサルの仲間、ネット販売店、カー用品店とがやりとりできるようになります。それに加えて、同じ車種の自動車での状況も加味して、より複雑で高度なやりとりをします。

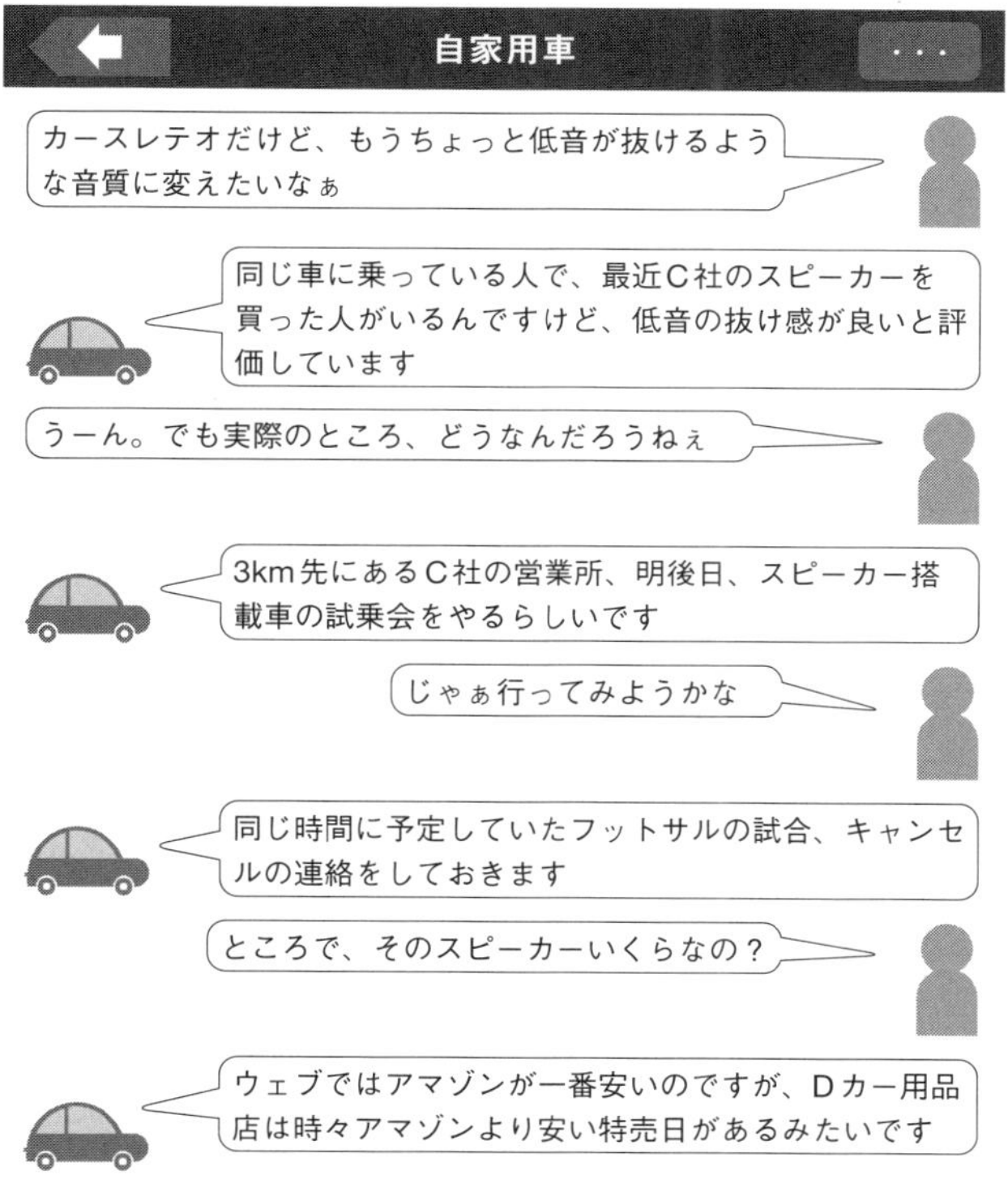
自家用車
カーステレオだけど、もうちょっと低音が抜けるような音質に変えたいなぁ
同じ車に乗っている人で、最近C社のスピーカーを買った人がいるんですけど、低音の抜け感が良いと評価しています
うーん。でも実際のところ、どうなんだろうねぇ
3km先にあるC社の営業所、明後日、スピーカー搭載車の試乗会をやるらしいです
じゃぁ行ってみようかな
同じ時間に予定していたフットサルの試合、キャンセルの連絡をしておきます
ところで、そのスピーカーいくらなの？
ウェブではアマゾンが一番安いのですが、Dカー用品店は時々アマゾンより安い特売日があるみたいです

図表1-3　コミュニティを作りはじめるモノ

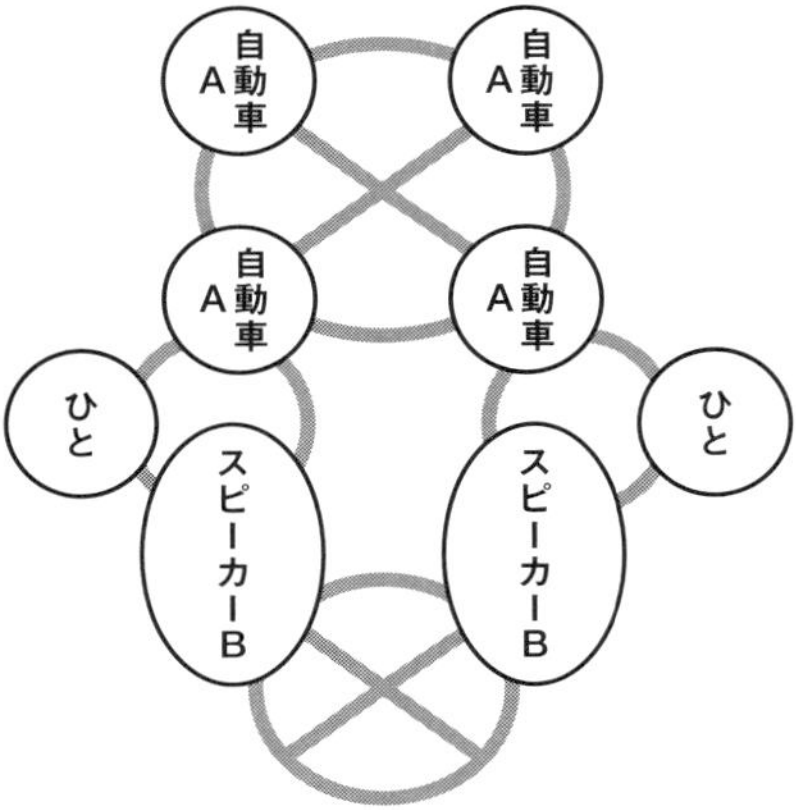

車種の違いまで加味するやりとりをしだすと、自動車を購入（あるいはレンタル）する際、どのような人が乗っているのかを知り、自分と同じような使い方をする人、同じような価値観の人が多くの乗っている車種を選びたくなるでしょう。このように、自動車（しかも車種ごと）を中心としたコミュニティが形成されるのです。

ここで注目すべきは、やりとりをする相手は、人間なのか物なのかシステムなのかはっきりしなくてもコミュニケーションが成立することです。実際、この事例の自動車オーナーは自動車以外とは直接コミュニケーションを取っていません。自分の知りたいことや困っていることをコミュニティに投げかけると、人間か物かわからないけど、どこからか知りたい情報が手に入れば、まずはOKでしょう。

いますぐにではないですが、こうした未来がやってくることを想定しながら生活してみると「すべてがつながっている世界」のイメージが膨らんでくるでしょう。

3 くらしの中のIoT

IoTがいったいどういったもので、「つながる」「やりとりする」とはどういうことか、なんとなくご理解いただけたでしょうか。ここからは、IoTを活用してどのようなことが行われようとしているのかを見ていきます。

特にここでは、「つながる」「やりとりする」によるインパクトが大きい、くらし、社会インフラ、産業分野について、それぞれ簡単に紹介しておきます。なお、個別業界別のインパクトについては、第2章以降で触れていますので、そちらをご覧ください。

快適なくらし

ＩｏＴの活用で、くらしは今よりも快適になるでしょう。とりわけ「個人」のくらしをより便利に、より快適にするような、細やかなサービスがたくさん登場するでしょう。従来のものにＩｏＴが追加されるものもあるでしょうし、これまで見たこともないようなＩｏＴを駆使した製品も数多く登場するでしょう。

なぜ便利で快適になるのでしょうか。大まかに言えば、次の3ステップによって実現されていきます。

① 天気や物価といった一般的なデータから身の回りの機械の使用状況など、さまざまな種類のデータを大量に収集する
② 大量のデータを統計手法や人工知能を使って、さまざまな切り口で分析する
③ 分析結果から、自分の特性を鑑みて、これまで目を向けてこなかったような生活の仕方やくらしに触れる可能性が高まる

すでに実現されている例としては、序章でご紹介したような健康管理のための機器やウェアラブル端末があります。ベンチャーから大手家電メーカーまで、さまざまな機器やウェアラブル端末を開発しています。典型的なものとしては、輪っか状のウェアラブル端末

を手首に巻いて、使用者が意識しなくても常に脈拍・血圧といった健康状態のデータを収集するような端末があります。そのデータを他の健康な人のデータや生活習慣病になってしまった人のデータと比較して、生活習慣病にならないためには、どうすればいいか簡単なアドバイスをしてくれるようなサービスが始まっています。

また他の例として、ガーデニングで活用するＩｏＴというものがあります。庭の土壌や大気の状態、天気・湿度といった気象状況のデータを時系列に収集し、植物を育てるために必要な次のアクションを提示するサービスです。

普段の生活においてすでに自覚している問題や、こうしたいと常々思っているようなことだけが、ＩｏＴの活用シーンではありません。むしろ、それまで思いもよらなかった潜在的な課題や要望にこそ適しているのです。したがって、日常生活においてＩｏＴを活用するサービスを考える場合、生活者がいま見えていない課題・要望をどのようにして探し当てるのか、ということが最も重要なのです。

社会インフラの更新

次に、身近だけれど普段あまり意識しない社会インフラについて見ていきましょう。道路、橋、トンネル、上下水道などが「つながる」ことで、それらの利用状況をリアルタイムで把握することができます。例えば、陥没したアスファルトの復旧や、水道管の漏洩対策などに、いち早くとりかかれるようになります。

もちろん、得られたデータを解析すれば、整備の優先度、緊急度をある程度把握できますし、陥没や漏洩を予測することができるようにもなるでしょう。結果的に、社会インフラの安全性・信頼性を高めるとともに、財政制約下での維持費、保守費、更新費の抑制・効率化に役立つことが期待されます。

ＩｏＴを活用した効率化の取り組みとしては、他にエネルギーの効率利用があります。この分野は、スマートコミュニティやスマートグリッドという名称で、すでに取り組みが始まっています。

産業分野への活用の広がり

これまでも、製造業を中心にＩｏＴに似た取り組みは各社で行われてきました。繰り返しになりますが、ＩｏＴの本質的な価値は「つながる」ことによって、売ってしまってメーカーの手元から離れた物についても、その様子がわかるようになることにあります。そしてその「使いかた、使われかた」データの中から、新しい付加価値を探し出して、それを起点としたイノベーションを創出して、新しい事業を形成していくのです。

特に、製造業では2つの意味でその影響は大きいでしょう。

1つ目は、これまでも行ってきたものの、必ずしも十分とは言えない「従来からの仕事の効率化」という視点の活用です。例えば、製造現場（工場）では、製造設備が生み出すデータを分析することにより、機器の不具合を早期に発見できたり、従業員の作業習熟度に合わせて生産前段取りを行ったり、製造ガイドやマニュアルもその人に最適な内容になるでしょう。

販売後のアフターサービスや保守メンテナンスの現場でも、ＩｏＴは活用されます。顧客に納品した製品の稼働状況を分析し、異常を早期に発見し、顧客が製品を使用できない時間を最小化できます。

また、これまで企業内や工場内で閉じていた業務システムから、企業間にまたがったＩｏＴと業務システムの連携やデータ活用が増えるでしょう。これによって、企業を横断した自動発注や在庫管理の高度化といった取り組みも出てくると期待されます。

2つ目は、これまでほとんど手をつけてこなかった、ユーザー主導による新たな価値創造です。製造業は、製品を誰が買ったかまでは把握していますが、購入者がどのように使っているかまでは把握していないケースが多いようです。

これまでは、せっかくマーケティングや開発、設計といった人々が、さまざまな使いかたを想定して製品を作ったものの、実際にその通りに使われているかを把握することは困難でした。ときどき行うアンケートやインタビューだけでは、実際のことはほとんどわかりません。数件の顧客の協力のもと、ある一定期間のみデータを収集しても、いつもそのように使っているかどうか、本当のことはわかりませんでした。

これが、ＩｏＴを活用することで、すべてのユーザーについてリアルタイムでの利用状況を把握することができるようになります。この利用状況と事前に想定した使い方とのギャップを起点に、新しいサービスや製品、ビジネスモデルを構築することができるはずです。

そもそも日本の製造業は、センサー技術、デバイス、工作機械、計測器といったＩｏＴで必要不可欠な機器の製造能力は、いうまでもなく世界トップクラスです。こういったハードウェアの製造能力をベースに大量のデータを解析するＩＣＴと、従業員のノウハウが融合することで、新たな強みを出せるチャンスとなります。

製造業以外でもＩｏＴは広く活用されます。例えば、商業施設では、店内設置カメラに記録された画像データから、

- 推定した来店者の属性（性別・年齢層）
- 来店者の動線、足を止めた場所や時間
- どのような商品を手に取ったか、その時のしぐさはどうだったか

などを把握して、店員がより適切な行動がとれるように支援できます。さらに、店員のシフト計画や、店舗運営の改善にまで役立てることができます。

このように、世界中の多くの企業が、ＩｏＴを生産性向上や事業創出の機会として意識しています。ＩｏＴに関する取り組みは、多くの企業でまだ検討段階であり、その活用方法についてのアイデアを試行している段階です。このため、その展開が読みにくいのが実態です。

一方、ＩｏＴを活用したモデルが登場すると、一気に広がるはずです。特に、コミュニティ形成をともなうようなサービスは、一度普及してしまうと、2番手以降の会社が入り込む余地がありません。そこまで意識して、ＩｏＴ活用について真剣にとりくむべきときが来ています。

4　企業からみると何が変わるのか

モノが「つながっている」世界になったからといって、これまでの製品市場、サービス市場の競争原理やルールがガラガラポンとすべて変わるわけではありません。これまで通り、新しい要素技術や素材の開発、コスト競争力やリードタイムの優劣が、市場での勝ち負けを決める要素として残るはずです。

しかし、一度、スマートでソーシャルな存在であることを求められてしまった製品市場では、競争原理やルールが劇的に変わります。そして、もう二度とそれまでの世界には戻れないのです。

本章の最後として、ＩｏＴの普及によって、企業はどのような点が変わるのか、変えていかなければならないか、について述べます。

イノベーションの源泉

イノベーションの源泉は、企業によって異なります。代表的な例として、要素技術開発や独自の営業チャネル開拓、他社を凌駕するサプライチェーンなどがあります。ここに新たに「ユーザーのホンネ（ユーザーインサイト）」がイノベーションの源泉となるパターンが追加されます。

例えば、ユーザーが想定していない使い方をしたために故障した場合、通常のメーカーでは、単に「ユーザーの使い方が悪いことが故障の原因」と片付け、「なぜユーザーが想定外の使い方をしたのか」を深く洞察することもなかったのではないでしょうか。これは、ユーザー（機械の運転担当者）からすると、メーカーによる深い洞察などをする前に一刻も早く機械を直してもらいたいというニーズと、故障したという負い目を一刻も早く払拭したいメーカー保守員（カスタマーサービス担当者）だけが現場にいるので、当然の結果です。

この状況は、ＩｏＴの活用で一変します。

モノ自体が、自分で意図せざる使われ方であることをメーカーに伝えてくれるのです。その情報から、メーカーは、意図せざる使い方に対する解釈を行い、どのようなアクションを取るのか判断することができます。言い換えると、「意図せざる使い方」をするユーザーを、単なる使いかたがわかっていないダメなユーザーとみるか、新しい価値提供の扉を開いてくれたイノベーターとみるのか、とらえ方によってその会社の競争優位は大きな差となるでしょう。

ＩｏＴを活用したイノベーションの源泉は、こうしたユーザーインサイトを探り当てることです。この例でいえば「意図せざる使いかた」から、なぜそのような使いかたをしたのか、ユーザーが本当にやりたかったのは何かということを洞察するところからイノベーションが始まります。こうなると、製品に求められるのは、ユーザーの使いかたをできるだけ正確にとらえて、データとして運んでくる機構であるといえるでしょう。このような製品設計に考え方を変えなければいけません。

また、ユーザーインサイトは、機器から取れるデータだけで把握できるものではありません。少なくともユーザーに近い距離で日々仕事をしている人がユーザーインサイトについて考えるべきでしょう。具体的には、営業や保守員、店頭スタッフなどです。

従来の事業企画、マーケティング、設計開発といった部門が主導する新事業・新商品ではなくなります。ユーザーインサイトに一番近い営業、サービス、店舗を新事業・新商品検討の中核と捉え、役割分担も大きく見直す必要があるでしょう。

求められる組織能力

イノベーションの源泉が、従来から大きく変わる以上、求められる組織能力も大きく変わります。

まず、基本的なこととして、ユーザーの使いかたに対して本当に真摯《しんし》に向き合う必要があります。特に製造業では、本当のエンドユーザーに向き合う役割分担も仕組みも時間も予算も潤沢とはいえない状況が続いてきました。これは、企業文化の大変革を意味しています。この大変革は生半可な努力ではできません。とても難易度が高いですが、次のような打ち手が考えられます。

- 設計部門のエースが新製品開発の中心になるのではなく、ユーザーインサイトを導き出すためにサービスや営業などユーザーに近い部門の人が開発の中心となる。
- 新製品を作るよりも、旧型の製品に改造を加えてスマートでソーシャルな機械に変更するために、設計部門のリソースを振り分ける。
- ユーザーが誰かもわからないような製造業であれば、企画部門のエースを、顧客に常駐させたり、ユーザーを探したり、ユーザーを理解する活動に従事させることにより、ユーザーインサイトを把握する人を育成する。

ユーザーインサイトは、ユーザーに教えてもらうものではありません。先ほども述べたとおり、アンケートやインタビューではニーズは浮かび上がりません。できる限り「ユーザーのすべて」を理解する必要があります。そのため、自社の製品やサービスと直接関係のないことこそ十分に理解する必要があるのです。具体的なユーザーインサイトをとらえる手段としては、行動観察などのフィールドワーク、ストーリーテリングや即興演劇などのワークショップ、交流制約法などの創造的思考手法があります。

また、ユーザーインサイトは1人のユーザーから導き出せるものではありません。ユーザーが集まったユーザーコミュニティ上のやりとりも見なければいけないのです。したがって、ユーザーコミュニティを形成して、拡大・成長させるためのとても複雑で高度なコミュニケーション能力も必要となってきます。そもそも、そのようなコミュニティを自ら作り出すのではなく、ユーザー同士でコミュニティを形成してもらい、あとからその中に入り込んで、うまくコミュニケーションを取るようなアプローチも選択肢としてあり得るでしょう。

ユーザーインサイトを捉えた後、何をすべきかを定める能力も必要です。しかしこれも従来とは大きく異なるアプローチに対応する必要があります。ユーザーインサイトから出てくる新製品・新サービスのアイデアは、筋がいいのか悪いのか誰にもわかりません。時間をかけてロジカルに考えて、正しそうなアイデアを進めてもユーザーに受け入れられる製品やサービスにはたどり着けないと思います。

アイデアが出たら、完成度が低くてもいいのでとにかく一刻も早くアイデアを形にしてしまいましょう。そして、ユーザー体験についてのフィードバックをもらって、アイデアの修正や次のアイデアに切り替える、というアプローチが必要です。このようなアプローチは「アジャイル」と呼ばれています。ユーザー体験やユーザーインサイトを重視しているウェブサービス開発のスタートアップ（ベンチャー）では、このようなアジャイルでの開発アプローチが主流になっています。

組織能力が変わると、それを評価する視点も変わります。設計・開発・生産では、どれだけ新しいことに挑戦できたか、そして何回失敗することができたか、その結果どれだけ素早く計画の修正を行ったか、ということが評価軸に変わります。営業やサービスでは、ユーザーがどれだけこちらを向いてくれたか、これまで把握していなかったユーザーとどれだけコミュニケーションが取れたか、従来からのユーザーの離脱率をどれだけ抑えたか、ということが評価軸になります。逆に、従来からあるような評価軸、例えば新設・新規の受注金額といった項目の重要度は下がります。

ユーザーとの価値共創

ＩｏＴを活用し、企業はユーザーをとことん知ることができるようになります。そこからユーザーインサイトを導き出して、新製品・新サービスの試行錯誤を素早く行うように変わっていくというお話をしました。

言うまでもありませんが、このアプローチを効果的に実施するには、ユーザーの協力が必要不可欠です。もっと言えば、協力という距離感のある他人行儀な関わりかたではなく、ユーザーが喜ぶ価値を一緒になって創出するという取り組みが必要になります。これをユーザーとの価値共創（コ・クリエーション）といいます。

ユーザーと一緒に価値を創り込む「価値共創」は、一般的な企業の文化風土からはなかなか受け入れにくい価値観です。しかし、これからは取り入れる必要が出てくるでしょう。実例もそれほど多くはありませんが、ここでは具体的な価値共創の例を挙げます。

【パターン1】コンセプト作りや、設計・開発から顧客の積極的な参加をうながす

- 個人向け消費財（食品、日雑品など）：顧客のアイデアを起点とした商品化
- 航空機の機体：航空会社、エンジンメーカーと一体になった開発体制

【パターン2】ユーザー主導による「意図せざる製品の使い方」への気付き

- ポケットベル：数字の組み合わせで、新しい意味合いを導出
- 牛乳風味シーフードカップ麺：「シーフードカップ麺をホットミルクで作るとおいしい」という口コミの噂を実現
- デジタルＤＩＹ：自社製品を加工し、電子部品を装着することでユーザーによるスマート化を実現
- 自社製品の公開情報を加工・編集するマッシュアップで独自アプリケーション開発

【パターン3】完成品出荷とせず、納入後に顧客の手により完成する

- 商用車（トラックやバス）：顧客が車体をカスタマイズして完成することが前提
- スマートフォン：最低限の機能だけで出荷して、アプリケーションを入れることで完成度が高まっていく

図表1－4　価値創造とIoT

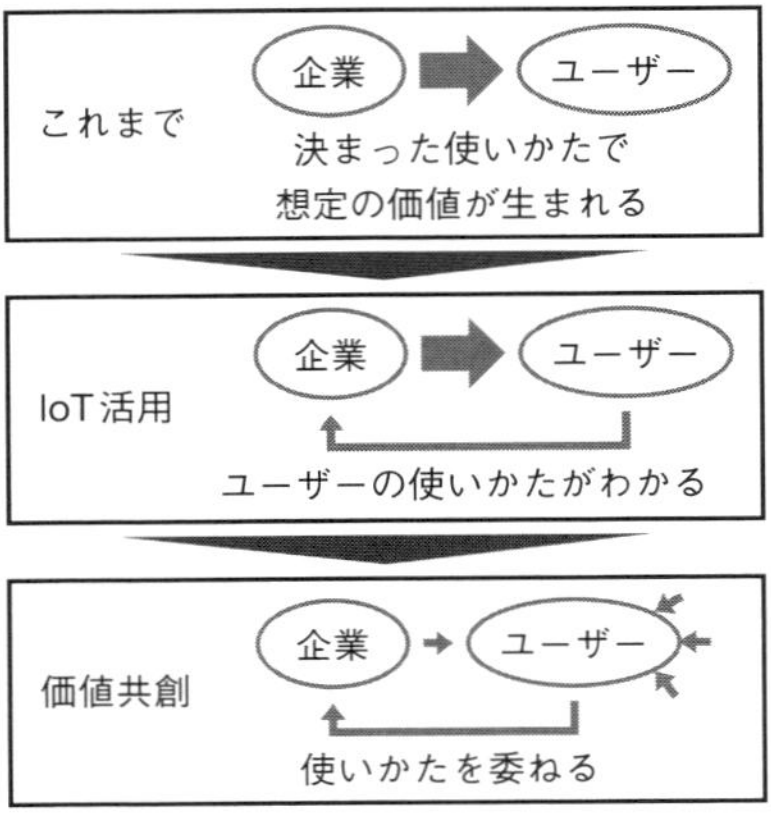

【パターン4】メーカー主導で顧客の創造（共創）をうながす

- メーカー主催で、ハッカソンやアイデアソンなどリアルなイベントを開催する
- メーカー主催で、製品・サービス活用のアイデアコンテストを行う

このような価値共創が最も進んでいる業界のひとつに、ウェブアプリケーションを提供するスタートアップがあります。その中には、ユーザーとの価値共創より一歩進んで、ユーザーとユーザーの価値共創に自社が共創の場を提供するというＣｔｏＣ（Customer to Customer＝消費者間取引）

サービスを提供する企業もあります。このようなサービスは、ソーシャルネットワーク上に、独自のコミュニティを形成して、そのコミュニティ上でユーザー同士の価値共創をうながしています。具体例としては、ココナラ（coconala.com）やタイムチケット（www.timeticket.jp）というサービスは、企業側が個別ユーザーやユーザーコミュニティとの関係性を創り上げるため多くのリソースを割いています。ＣｔｏＣサービス市場では、ユーザーとのコミュニケーション能力が競争優位を生み出す原動力となるのです。

顧客との価値共創をはじめとして、ＩｏＴ活用に関する取り組みは、これまでやったことがないようなものが多いと思います。始めるのには躊躇《ちゅうちょ》するかもしれませんが、うまくいきだすと急激な成長が待っています。そのためにも、求められる組織能力を身につけ、小さくてもいいのでできるだけ早く取り組み始めることをオススメします。

これだけわかればOK！

IoTキーワード

●インダストリアル・インターネット

インダストリアル・インターネット（Industrial Internet）とは、米ゼネラル・エレクトリック（GE）社が2012年に発表したコンセプトです。簡単にいうと、モノから生み出されるデータを分析して、その結果を人間に結びつけるためのネットワークを構築するというものです。GE自身は、インダストリアル・インターネットの主要要素として次の3つを挙げています。

・インテリジェント機器
・高度な分析
・つながった人々

この3つの要素を組み合わせることで、新しい価値が生まれると主張しています。

たとえば、発電用ガスタービンの回転する部分にセンサーを取りつけて、そこから取得したデータを分析して、いつ回転する部分が故障するのか予想します。これにより、故障する直前などに計画的に部品を交換できます。運転を止める時間を短くすることができるため、社会全体が恩恵を受けるとともに、電力会社の収益向上にもつながります。

歴史的な捉え方としては、18世紀にイギリスで起こった産業革命を「第1波」、その後20世紀後半のインターネット革命を「第2波」と捉えており、インダストリアル・インターネットは「第3波」と位置づけられています。

●インダストリー4・0

インダストリー4・0（Industrie4.0）とは、ドイツの産学官が共同で取り組んでいる新しい製造業のコンセプトです。2011年にドイツ政府が策定した「ハイテク戦略2020行動計画」のひとつとして「インダストリー4・0」が提唱されました。

この内容を簡単にいうと、地域ごとに関係のあるメーカー群（これを産業クラスターといいます）のあいだをデジタル化・ネットワーク化することです。それにより、産業クラスター単位で国際競争力をつけて、ドイツ製造製品の輸出拡大にとどまらず、デジタル化・

ネットワーク化自体を輸出しようということを目論んでいます。

ドイツでは早くからＩｏＴに積極的で、産学官が共同で次世代の製造業発展に向け活動を進めています。ＩｏＴを活用して製造にかかわる情報（開発・生産工程やサプライチェーン）をデジタル化してつなげる生産システムの構築・高度化を目指しており、工場を中心としたモノと情報の連携が進められています。

●Ｍ２Ｍ（Machine to Machine）

Ｍ２Ｍとは、機械と機械がデジタルにネットワークでつながってやり取りをする仕組みのことをいいます。もともと通信インフラ／通信ネットワークの活用シーンのひとつとして注目された経緯もあり、主に離れた場所にある機械の間でのやり取りを指すことが多いようです。

機械同士のやり取りについてもう少し具体的に説明すると、ある機械の動作についてのデジタル情報が、通信回線を通じて他の機械に情報を送り、そこで次にやるべき動作を判断して、機械自身やさらに他機械に動作するよう指示情報を出すということになります。

この考え方自体は、かなり古くから存在しています。データ通信を前提とした公衆通信回線が普及した頃から提言されていたようです。また、お気づきの通り、M2MとIoTは非常に似通った概念です。両者を同じ意味として使っているケースも多いようです。強いて両者の違いを挙げれば、IoTのほうが「人もつながる」ということが意識されている点です。

M2Mがいま再び注目されている理由は、IoT同様、デバイス、センサー、通信、人工知能（AI）／機械学習など、必要とされる要素技術が進展し、コストも大幅に下がったことにあります。

●O2O（Online to Offline）

インターネット上（オンライン）のサイトを訪れた見込み客に対して、割引クーポンのような特典を提供し、実店舗（オフライン）に導くようなマーケティング手法です。「O to O」「On 2 Off」という表現をされる場合もあります。例えば「ぐるなび」「食べログ」のようなサイト内で自店舗でのみ有効な割引クーポンを表示し、それを提示すれば割引が受けられるとして集客する手法です。

特にスマートフォンが普及したことにより、GPS機能、地図情報と連携したアプリなどを使用して、まずオンラインサイトで調べてからアクセスする消費者が増えています。今後ますます普及し、サービスが多様化するでしょう。

単にオンラインからオフラインへの一方通行的な誘導だけではありません。実店舗においてオンライン会員への勧誘をはかり、定期的に最新の商品・サービス情報や特典情報を提供することにより、顧客からの継続的購買をうながしたり顧客の購買パターンを収集したりするような方法もあります。O2Oは、こうした広義の意味でオンラインとオフラインを連動させるマーケティング活動全体を指す場合もあります。

●テレマティクス（Telematics）

テレマティクスとは、もともと通信（Telecommunication）と情報工学（Informatics）を組み合わせた造語ですが、今日では自動車などへの情報提供をするサービスや仕組みのことを指します。

すでに実現されているものとしては、カーナビの地図情報の自動更新、渋滞情報の取得、迂回路の提案、事故発生情報の自動送信などがあります。現時点ではカーナビを媒体とした自動車運転に関する情報収集と表示が中心ですが、今後は自動車運転という手段ではなく、移動するという目的に対してより快適に移動できるサービスが提供されることになるでしょう。最終的には自動車の自動運転システムまで行き着くと予想されます。

●ユビキタス

もともとは、米国で1991年に生まれた考え方です。それまで主流のパソコンよりも、生活環境に溶け込んだもっと身近な大小のデバイスを通してコンピューティング機能を使うというアイデアで「ユビキタスコンピューティング」という表現で使われ始めました。その後、日本において「どこでも」という意味が加わり、その後、「いつでも、どこでも」という意味をさす修飾語に拡張されてきました。

「ユビキタス社会」あるいは「ユビキタスネットワーク社会」という表現は、いつでも、どこでも、どんな環境でもあらゆるモノや人がネットワークにつながっていることにより、さまざまな新しいサービスが提供され、人々の生活が便利になり、経済の活性化や社会上の問題が軽減されるような、そういう社会を目指すという意味で使用されています。産官学が参加するさまざまなプロジェクトが始まっています。

●ウェアラブル端末

ウェアラブル端末とは、人が手首や頭に直接装着するコンピュータのことで、形態としてはリストバンド型、腕時計型、眼鏡型がその多数を占めています。代表的なウェアラブル端末として、ナイキ社のフューエルバンド（FuelBand）やアップル社のアップルウォッチ（Apple Watch）が挙げられます。

序章で取り上げたように、ウェアラブル端末を日常生活で身に着けることで、脈拍や血圧などの数値を端末に組み込まれたセンサーで検知して端末上でモニタリングすることはもちろんのこと、数値データを医師に送信してアドバイスを受ける「リモート診察」も可能となります。

一方、仕事現場に目を移すと、例えば物流センターでは、作業員が商品のピッキングを行う際に眼鏡型ウェアラブルを装着し、端末のレンズ上に表示された商品の数量・商品コード・保管場所などにしたがって作業を進めることで、効率的かつ正確なピッキングができるようになります。

ウェアラブル端末の形態は、今後の技術の進歩により、さらに小型、例えばアクセサリー型なども登場するかもしれません。一方、ウェアラブル端末はプライバシーを侵害するおそれもあり、そのあたりの課題をクリアする必要が出てくるでしょう。

●デバイス／センサー

デバイスとは、コンピュータに接続して使用するあらゆる機器、装置を指します。最近ではインターネットに接続して使用されることを前提としたスマートデバイスと呼ばれる機器が増えています。代表的なスマートデバイスとしては、スマートフォンやタブレットが挙げられます。それ以外にも、ウェアラブル端末、通信機能を持たせた情報家電、自動車、住宅、工場の生産ラインに設置されている生産設備・ロボット、各種監視カメラ、医療機器などさまざまなものを指します。昨今の通信コストの低減により、多くのスマートデバイスが通信機能を持ち、常にネットワークに接続しながらデータのやりとりをするようになっています。

センサーとは、光、音、温度、湿度、圧力、速度などの変化をとらえ、データに変換して出力する装置です。たとえば光センサーといっても赤外線、紫外線、光電、画像／動画など多くの種類があります。これらのセンサーは、目的に応じて前述のデバイスに組み込まれ、多種多様なデータを収集します。収集されたデータは、ルールや判断基準に基づいて分析され、機器の監視・制御、個人の健康管理、小売の販売・マーケティングなどに使われています。

昔から、スマートデバイスやセンサーは存在しましたが、最近特に注目される理由としては、前述の通信コストの低減に加え、データ分析ツールが一般に広まったこと、さまざまな種類のセンサーが開発され低コスト化が進んだこと、などが挙げられます。

●ドローン（Drone）

ドローンとは、人が搭乗しない航空機のことです。もともとは軍事目的で、20世紀半ばからアメリカで研究・開発されてきました。第2次世界大戦後から、実際の軍用無人機として利用されています。その後、民間用・産業用のものが出てきました。現在では小型化・低価格化が進み、個人が利用できるもののがおもちゃ屋さんなどで広く販売されています。

無人で空を飛ぶものとして、昔からラジコンヘリが知られていますが、ラジコンヘリと比べて大きく異なる点が2つあります。ひとつは、操作方法です。ラジコンヘリは実機を目視しながら専用コントローラー（プロポ）で操作しますが、ドローンは機体に付けたカメラの画像を見ながらスマートフォンで操作したり、GPS（全地球測位システム）を使って自動飛行をするものもあります。
もうひとつは形状です。ラジコンヘリは飛行機やヘリコプターの形状でしたが、ドローンの多くはローター（回転翼）を複数（3～5個）搭載して安定的に飛行できるマルチコプター型です
ドローンによって上空からの撮影が可能になるほか、災害調査、農薬散布、電線の配線作業など、すでに使われている事例も多くあります。また、米アマゾンは商品の配送にドローンを利用することを計画しています。
個人用・産業用ともに今後のさらなる進化が期待されるドローンですが、2015年4月に起きた首相官邸屋上へのドローン墜落を受けて、その飛行を規制する動きが進んでいます。

●ソーシャルメディア／SNS（Social Networking Service）

ソーシャルメディアとは、個人や組織がソーシャル（社会）に対して情報を発信して情報の受け手とのやりとりができるメディア（媒体）のことです。この概念は、IoT同様、昔からある概念です。例えば、江戸時代には立て札や石塔に文字を彫って、地域住民の情

報共有を行っていました。現在でも、市役所や町内会の掲示板・伝言板や、駅の黒板（伝言板）はアナログなソーシャルメディアとして存在します。

今日「ソーシャルメディア」を指すものは、インターネットを通じて社会とやりとりをするウェブサービス、アプリケーションのことです。例えば、LINEやフェイスブック、ツイッターに代表されるSNS（ソーシャルネットワークサービス）、インスタグラムやユーチューブ、ピクシブなど画像／動画共有サービス、NAVARまとめやウィキペディアなど知識共有サービスが挙げられます。いま挙げたソーシャルメディアは、ユーザー数が多く、誰もが使うことを想定していますが、個別のソーシャル（社会の集合体）に特化したサービスやアプリケーションが数多く存在し、これからも新しいものが次々と生まれてくるでしょう。

IoTの普及により、製品やサービスのさまざまな情報が出てくると、その情報を扱うためのソーシャルメディアも登場します。実際に、産業用装置製造業では、ユーザー企業の使いかたを知り、ユーザーとやりとりするためのアプリケーションを独自開発しています。消費者向け製造業や小売業でも、マーケティングやユーザーインサイト獲得のためにソーシャルメディアを活用しています。また、効率的なやりとりのために、人工知能

（AI）／機械学習も活用しています。

●ビッグデータ解析

ビッグデータとは、一般的に巨大なデータ群のことを指します。IoTの進展によりデバイスが増加すると、それを介して得られるデータが爆発的に増加し「ビッグデータ」になります。また、情報処理能力が向上したことにより、大量のデータを分析することができるようになっています。

例えば、人（ウェアラブル端末）・機械・自動車・電化製品などの行動・動き・イベントといったデータがネットワークを通し蓄積され、ビッグデータとなります。これらを解析することで人・モノ・情報の流れが明らかになり、現実に起こっていることの可視化、問題の明確化、解決策の提案が可能となるのです。

これからの世の中で、IoTで収集するデータ量が劇的に増加することが予想されるため、これまで以上にビッグデータの解析スピードおよび正確性の向上が期待されます。

●クラウドコンピューティング

クラウドコンピューティングとは、インターネットなどのネットワークを通じてハードウェア・ソフトウェア・データなどを利用する方式のことです。従来方式では、コンピュータのユーザーは自身のコンピュータ内でハードウェア・ソフトウェア・データなどを管理していました。クラウドコンピューティングの環境では、ユーザーはサービス提供者に利用料金を支払って管理してもらいます。ちなみに、昔からネットワーク図を表現するときに雲（＝クラウド）の絵を使っていたことがクラウドコンピューティングの語源といわれています。

クラウドコンピューティングは一般的に大きく3つに分類されます。

1　ＳａａＳ（Software as a Service）：インターネットを通してソフトウェアを提供するサービス

2　Ｐａａｓ（Platform as a Service）：インターネットを通してプラットフォームを提供するサービス

3　Ｉａａｓ（Infrastructure as a Service）：インターネットを通してインフラを提供するサービス

サービス提供者はデータセンターに多数のサーバーを確保し、インターネットを通して右記3つのサービスをユーザーに提供します。一方、ユーザーは提供されたサービスを利用して作成したデータなどを自身のコンピュータ上ではなくサーバー上に保存することで、バックアップ作業などの管理面からも解放されます。

今後、これまで以上にIoT活用の場面が増えることが予想されます。インターネットにつながった膨大なモノのセンサーから得られるデータを収集・蓄積・分析する環境を提供するクラウドコンピューティングは、これまで以上に不可欠なものになっていくでしょう。

●人工知能（AI）／機械学習

人工知能（Artificial Intelligence＝AI）の歴史は古く、1956年の米国ダートマスにおける会議で、ジョン・マッカーシー教授が発表・命名したことに端を発したといわれています。「知的な機械、特に、知的なコンピュータプログラムを作る科学と技術」――これがマッカーシー教授の人工知能の定義の翻訳です（人工知能学会の掲載内容より）。

つまり、機械の制御技術なども含むことのできる広い表現ですが、実質的には人間が知能をもって行うことを、機械に代替させる技術として研究や開発がされています。初期のブームは、迷路の抜け方の探索などから始まりました。迷路で選べるさまざまなルートのように、起こり得るケースの場合分けを行い、条件に合致したケースを導き出すことに人工知能が使われました。

これが相手のある将棋ゲームだと、場合分けも膨大な組み合せになり、技術的にも難しくなります。したがって、「王手をかけられたら逃げる」といった状況判断や、詰め将棋の手順のような適切な選択肢を絞り込むようなルールや知識を、機械に教え込む取り組みが重ねられてきました。

機械学習は、このような人工知能の進化形態のひとつといえます。与えられた情報から、機械自らがルールや知識を作り出していくものです。機械の故障の予兆を知らせるなど、未来を予測することに使われ始めた機械学習ですが、故障した場合の情報からルールを見出し、「今の状態」と照合するようなことが行われています。

●スマートグリッド

スマートグリッドとは、企業や家庭への電力網において効率的な電力供給を行うために、電力の制御などを、ICT技術を活用して実現する次世代送電網のことです。アメリカの「グリーン・ニューディール政策」の柱として脚光を浴びました。アメリカの送電設備は脆弱で、停電時間が100分を超えることも珍しくなく、これがスマートグリッド（スマート＝賢い、グリッド＝電力網）導入の大きな目的となりました。

グリーン・ニューディール政策発表当時、日本の電力網の安定性や効率性は世界トップレベルで、アメリカのような問題意識を日本は抱えていませんでした。しかし、2011年3月11日の東日本大震災により、電力の安定供給や最適化の重要性が浮き彫りになり、スマートグリッドが再度取り上げられるようになったのです。

スマートグリッドの環境では、従来のように発電所など電力供給側からの一方向型の供給システムにとどまらず、需要側からも電力を流せる双方向型となっています。したがって、企業や家庭などの太陽光パネルによる発電を他地域に送電することが可能となります。また、天候などに発電量を左右される太陽光発電や風力発電などの再生可能エネルギーの発電量に合わせて、供給量の配分をICTでコントロールし、需給バランスを維持します。

需給バランス維持に欠かせないことは、需要側でどれくらいの電力を使用しているかリアルタイムで確認できることです。これまでの電力メーターは設置場所まで作業員が出向いて確認しないとわかりませんでしたが、通信機能を搭載しているスマートメーターは電力使用量をリアルタイムで供給側に知らせます。スマートグリッドの構築にはスマートメーターの普及が欠かせないといえるでしょう。

●スマートコミュニティ

スマートコミュニティは、ＩｏＴを活用した有望市場、注目市場です。ＮＥＤＯ（国立研究開発法人新エネルギー・産業技術総合開発機構）によると、「進化する情報通信技術（ＩＣＴ）を活用しながら、再生可能エネルギーの導入を促進しつつ、交通システムや家庭、オフィスビル、工場、ひいては社会全体のスマート化を目指した、住民参加型の新たなコミュニティ」と定義されています。つまり、ＩＣＴの活用がキーポイントとなり、便益を享受する対象は社会全体なのです。

従来のＩＣＴ活用は、その対象が産業・法人・個人など、Tangible（実体のあるもの）でした。明確な対象の便益につながるＩＣＴの構築方法は、数々のノウハウが貯まっています。しかし、対象が社会というIntangible（実体のわかりにくいもの）になった際には、そのノウハウが活かしづらいのです。スマートコミュニティにおけるＩｏＴ活用も、

ICT業界の「新しいノウハウ」が求められます。そしてそれは、従来のICTプレーヤーではなく、新しいプレーヤーによってもたらされるかもしれません。つまり、色々な可能性があり、しかも不確実な市場と言えるでしょう。

●スマートハウス

スマートハウスは、再生可能エネルギーの効率的な利活用を、住生活の面で実現する環境のことです。スマートハウスを支える中心的なICTとして広く知られるのは、「HEMS：Home Energy Management System」です。エネルギーを消費したり、（太陽光発電などで）創り出したりする家庭と、エネルギーを供給したり、流通させたりする電力会社などの事業者をつなげるために、このHEMSが重要なインフラになります。しかし、普及率はまだ1％未満という状況です。スマートハウスの普及や本格的なビジネスチャンスの到来は、まだこれからです。

一方、「スマート」の名の通り、快適、安心・安全、クールといった「スマートなライフスタイル」を実現する住環境という、もうひとつの側面にも注目が集まってきています。生活支援型ロボットとの共生や、人と人のつながりをICTが支援する可能性を考えると、スマートハウスの中には、エネルギー以外に必要となる機能や、幅広いＩＣＴの活用余地がありそうです。

●スマートファクトリー

スマートファクトリーとは、モノや情報がつながってやりとりする工場や製造システムを指します。具体的には、工場の中にある色々な機械や生産設備、ロボットの動作情報をはじめ、動作指示、製造指示、製造計画といった工場運営に必要な各種情報、さらには、調達、出荷、在庫といった工場経営に関する情報まですべてつながって、やりとりすることで効率的でスマートな工場を目指しているものです。

ポイントは、収集された膨大な信号やデータを意味のある情報に変換することと、自律的で最適な運転や制御をするためのルールや判断基準を、事前にうまく設定することです。生産効率の改善、品質の向上、省エネなど、工場が置かれている事業環境や製造する物などによって、そのつど最適化したい内容は変化していきます。これまでは、工場の方が判断して最適な工場運営を行ってきましたが、スマートファクトリーによって、より簡単に誰でも最適な工場運営ができるようになります。加えて、人工知能（ＡＩ）／機械学習を導入することで、より高度な最適化を目指すことができると思われます。

これまでも、日本国内にある工場の多くは、製造プロセスのデータ収集・活用による改善活動に取り組んできました。おそらく世界でもトップクラスの実績があります。将来的には、このデータの分析に基づく工場の最適運転のノウハウが、製造業の競争力につながるでしょう。そのためには、自工場に閉じたものから、共通プラットフォーム上で、他工場との連携を前提としたスマートファクトリーに進化する必要があります。

●スマートヘルスケア

スマートヘルスケアとは、人が健康を維持するために必要なデータを収集・分析することで、病気がひどくなることを防いだり、健康になったり、健康を維持することを目指す取り組みです。例えば、人が普段から血圧や心拍数を計測するデバイスを身につけて、そこからデータを収集し、病院に行ったときに医者がそのデータも参照した上で診断するということを目指すものです。

従来から、シックケアといわれる治療や介護の分野で、各医療機関のデータ収集・分析ができるプラットフォームを作る構想があります。具体的には、患者の血圧や心拍数などの健康データ履歴、受診履歴（電子カルテ）、投薬履歴などをかかりつけ医や地域中核病院、その他地域の医療・介護施設で共有し、重複した検査や投薬の回避、緊急医療時の対応に活用することを目指しています。

また、医療機器や検査装置などをネットワークに接続し、遠隔からでも診察・治療ができるプラットフォームシステムも期待されています。

このような取り組みをビジネス面からみると、誰がこのようなプラットフォームを構築するかという競争になります。プラットフォームを握ると、その上でやりとりさせるデータ形式を規定したり、患者に必要なデータを定義したりできて、新しいビジネスの可能性をいち早く知ることができるからです。これまでは医療・介護・健康関連の業界関係者でこのプラットフォームを決めることができましたが、日常的に健康データを収集するウェアラブルデバイスなどが出てくると、実質的にはスマートフォンがプラットフォームになることが予想されます。

第2章

消費・サービスへのインパクト

1　究極まで進む「消費者主権」

リアルタイムとパーソナライズに馴れてしまった人たち

携帯電話の普及をきっかけに、スマートフォンやSNSなど個人レベルでの情報への接点（受発信）をもつことが当たり前になってきました。個人単位での情報のやりとりや、リアルタイムが普通のことと感じられる時代に突入したといえるでしょう。

SNS、中でもツイッターやフェイスブック、インスタグラム、さらにはアジアで普及したLINEなど、リアルタイム×パーソナライズのコミュニケーション環境は、即時に回答（レス）することを相手に暗黙のうちに要求し、即時回答しない相手は仲間から外されるといった、社会的ルールを作り出してしまいました。中高生の間で問題となった「既読スルー」は、このリアルタイム回答ルールをコミュニケーション相手（＝仲間うち）に強いる典型的キーワードでしょう。

このようなリアルタイム型コミュニケーションが友達・家族間などのコミュニティで行われる際には、コミュニケーション相手に対する感情的な不満やわだかまりを生み出しがちです。これらの不満・わだかまりが募ると、集団内での仲間外れやイジメなどに発展するケースも出てきます。ＳＮＳ上で悪口を書かれた、既読スルーを繰り返された、逆に馴れ馴れしい言葉で返されたなど、コミュニケーション上の些細なすれ違いや思い込みから、集団リンチや殺人にまで発展するケースが報じられています。

リアルな世界（物的・フィジカルな空間）とネットワーク上の世界（仮想的・ヴァーチャルな空間）との境界が低くなり、場合によっては両者が混同される時代になってきているのです。

何が現実で何が仮想なのか

１９９０年代の初め、産業界では仮想現実（ヴァーチャル・リアリティ）ブームが起こりました。ＩＴの進展、コンピュータによる処理スピードの驚異的な進化と機器そのものの小型化が、文字・テキストベースの情報処理から、画像・動画さらには音声・動作など、五感すべてで構築・表現することが標榜されました。ただし、高速なコンピュータは当時高価であり、一般の人たちが動画や音声を操作・編集することは難しい状況でした。

これらのＩＴの性能面・価格面での壁が、この20年の間に取っ払われてしまいました。

今では、誰でも動画を操作・編集、さらには投稿・発表することが可能になったのです。現在では、動画を含めた投稿サイトが次々と登場し、それらを使いこなす世代は、より低年齢化してきています。

仮想空間（サイバー空間）をどこまで現実として信じるか？　この命題はヴァーチャル・リアリティのころから指摘されてきました。最終的に現実感を感じるのは、人間の脳であり、その人がどう感じるか、判断するかは、その人の感覚器＋脳の動きしだいだといわれてきました。今まさに、何を現実として信じるかが問われる時代になってきたといえるでしょう。

「自分が主役」の顧客体験を提供

テレビ・ショッピングや通信販売の世界では、リアルタイムに近いコミュニケーションが求められてきました。深夜の通販番組では、リアルタイムで残り時間や残り在庫数が表示され、場合によっては「売り切れ」とオンエアすることで買い手（視聴者）の購買意欲をかき立てる手法が用いられてきました。

この双方向型リアルタイムによるコミュニケーションは、ネット上やウェブサイトではより重要な要素（販促手段）になってきています。ウェブサイト上で、お客様がその商品を買った場合の使いかたや見られかた、自分に似合うか、なじむかなど、ユーザ・エクスペリエンス（顧客体験）と呼ばれる、その商品を使っている自分を想像できる場面が表示・展開されます。

現時点では多くはイメージビデオなど他人の動画ですが、そのうち自分の姿や自宅の様子、歩いている姿などがその中に取り込まれて、自分が主役のビデオ動画として見られるようになるでしょう。「あなたがこの商品を買うと、こんなライフスタイルが待っています」「あなたがこのサービスに参加すると、こんな体験が現実のものとなります」「あなたのクリックで、あなたの家族がこんなに楽しく、喜んでくれます」といった、自分が主役のイメージビデオが流れるのです。

お客様の「わがまま」は販促のチャンス

リアルタイム×パーソナライズな環境に馴れたお客様は、これからどんどん「わがまま」をいい始めます。「今日、今すぐこの商品が欲しい」「今日の午後7時に、この商品をここに届けてほしい」「この商品を、自分のサイズに合わせて明日欲しい」といったお客様のわがままが、小売の窓口に押し寄せます。しかも、24時間ところ構わずです。「今日は営業を終了致しました」などと拒もうものなら、SNS上でどんな悪口が展開されるかわかりません。消費者は、SNS上も現実世界として思い込むので、不平不満はどんどん拡散され、増幅されます。場合によっては、自社のSNSやウェブサイトが一晩で炎上、などといったことが起こりかねません。

企業として、お客様の「わがまま」をどう扱うか？　リアルタイム×パーソナライズが当たり前の世界では、厄介なクレームの類ではなく、むしろ、さらに売り込むためのチャンスと考えるべきなのです。お客様のわがままが実現できれば、それは他社を一歩リードしたサービスレベルに差し掛かっています。多くのお客様から似たようなわがままが寄せられれば、そのサービスを販促の切り札にすることも可能です。

「お客様はわがままです」――しかし、お客様がわがままだからこそ、ウチの商品やサービスが売れるのです。そこにはわがままを実現できるだけの、他社にはない差別化ポイントがあるからです。そのためには、徹底的にお客様とリアルタイム×パーソナライズ型でコミュニケーションをとることが必要条件となります。

２　小売・店舗――ＩｏＴ活用型Ｏ２Ｏによるマーケティングの変革

スマートフォンにより拡大したＯ２Ｏ

近年、スマートフォンなどのＩＣＴを活用したＯ２Ｏ（Online to Offline）が注目されています。Ｏ２Ｏとは、インターネット上のサービス（オンライン）を活用して、消費者をリアル店舗（オフライン）へと送客・誘導するマーケティング手法です。

Ｏ２Ｏという言葉が使われ始めたのは２０１０年ごろと見られます。それ以前もオンラインショッピングサイトなどのＩＣＴを活用したマーケティング手法は存在していました。ではＯ２Ｏは何が異なるのでしょうか。

Ｏ２Ｏ以前は、リアル店舗では販売できない消費者、たとえば距離的な理由からリアル店舗に来店しない消費者を、オンラインショッピングサイト（ＥＣ）に集客・商品購入させる手法が一般的でした。そのためリアル（店舗）とネット（オンラインショッピングサイト）は競合関係とみなされていました。

しかしスマートフォンの普及が、マーケティング手法を一変させました。たとえばスマートフォン・アプリにより、広告やクーポン配布などがより効率的・効果的に実施できるようになりました。また最近では、GPSなどを使った位置情報測位機能を活用したエリアマーケティング（特定地域の消費者をターゲットにしたマーケティング）なども一般化しています。

IoT活用型O2Oの時代へ

現在、スマートフォン以外のデバイス・機器を活用することにより、新たなO2Oマーケティングが進みつつあり、これらの取り組みは「IoT活用型のO2O」といえます。一例として、デジタルサイネージの活用が挙げられます。デジタルサイネージとは、屋外や店頭などで、ディスプレイを使って各種情報や広告などを表示するシステムです。従来型のデジタルサイネージの場合、その前を通る消費者に対して一方的に情報を表示するだけにとどまり、電子看板などと呼ばれることもありました。

2015年1月にNTTなどが発表した「接客型デジタルサイネージ」は、双方向性を高めることに成功したサイネージです。前を通る消費者の質問や発言を認識・解釈するだけでなく、日時や天候など消費者が置かれた状況に応じた情報提供を実現しています。消費者が欲しいと思う情報、ニーズの高い情報を的確に提供することを目指したサイネージです。

ＩｏＴ活用型Ｏ２Ｏの他の例としては、ウェアラブル端末の活用も期待されます。ウェアラブル端末とは「身に付けて（wearable）持ち歩くことのできるコンピュータ」のことを指します。ＭＭ総研の２０１５年2月の予想では、国内のウェアラブル端末の市場規模（販売台数）は、１３４万台（２０１５年度）に達している見込みです。今後も市場は拡大を続け、２０２０年度には日本国内では約６００万台、米国では約１３００万台の規模にまで成長することが予想されています。

現在、主流のウェアラブル端末は、センサーを通じて脈拍、血圧などのバイタル（生体）データが取得できる端末ですが、さらに脳波を測定できるセンサーなどを搭載してヒトの心理・感情までも把握できる端末も開発されています。心理・感情を測定できるウェアラブル端末は、将来的に幅広い活用用途が期待されます。たとえば店頭で消費者が商品を選択・購入する際の心理・感情データを、さまざまな消費者から直接的に収集・分析することが可能となるのです。

カスタマージャーニー分析をさらに精緻に

新たな端末を活用したＯ２Ｏ（ＩｏＴ活用型Ｏ２Ｏ）によって将来的に、消費者の心理・感情、ニーズ、嗜好性などに関する情報・データをより詳細かつ大量に収集・分析できるようになります。この変化は、企業のマーケティングにどのような影響・インパクトを与えるでしょうか。

これまでのＯ２Ｏでは、スマートフォンなどにより消費者に対するプロモーションをより効率的に展開することが主な目的でした。スマートフォンの普及により、膨大な消費者に効率的にプロモーションを行うことが可能となりました。一方で、広告・情報を受け取った消費者にとって、それらが必ずしも関心を引くとは限らず、逆に不要な広告などに対して不快・不信を感じさせるリスクもあります。

現在でもコンビニエンスストアなど、商品の購入者の性別・年齢などをレジで入力することで、一部の属性情報までは収集していますが、購入者の心理・感情などまでは把握できませんでした。

しかし先に述べたようにＩｏＴ活用型Ｏ２Ｏでは、商品購入者の心理・感情も把握できるようになります。さらにデジタルサイネージや商品棚なども進化することにより、商品

図表２－１　IoT活用によるO2O

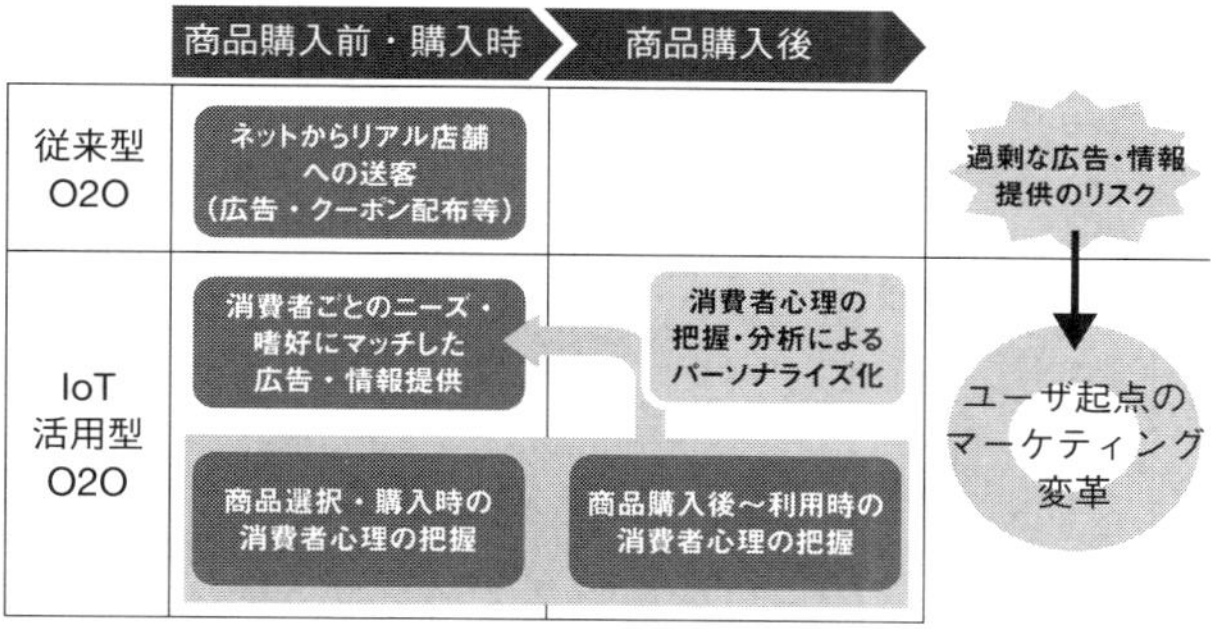

を比較して選択する際の心理・感情までも把握できるようになると見込まれます。将来的には「手には取ったが最終的には購入しなかった商品に対する、消費者の心理・感情」や、「商品を購入・利用し始めた後の、消費者の満足度・不満足度」といった、企業が従来、収集・把握することが難しかった情報までも把握できる可能性もあるのです。

近年、マーケティングの世界では、「カスタマージャーニー分析」と呼ばれる消費者分析の手法に取り組む企業が増えています。消費者が商品を選択・購入～利用するプロセス別に、消費者の具体的な行動・行為などを書き出して分析する手法です。消費者の行動を時系列に沿って分析していくため、「顧客・消費者（カスタマー）の旅（ジャーニー）」といった表現で呼ばれています。精度の高いカスタマージャーニー分析のしくみを構築できれば、効果的なマーケティングを展開できるようになると考えられています。

先にご紹介したようなIoT活用型O2Oが今後、進化・普及することで、膨大な消費者心理の変化・推移を把握・分析できるようになります。その結果、消費者心理やその変化もデータで「見える化」したカスタマージャーニーを描くことが可能となります。IoT活用型O2Oによりマーケティングは、消費者個々のニーズ・インサイトを深く洞察し、高度にパーソナライズ化したマーケティングへと変革を遂げるのではないでしょうか。

3 流通、物流——究極の標準化で「ロスゼロ」の可能性も

SCMブームやRFIDブーム

流通、物流、ロジスティクスといったキーワードで括られる業種・業界は、1990年代から、その時々のIT業界の宣伝の場として都合よく使われてきました。モノという目に見える対象物があり、それを移動させる機能が主であるこの業界は、素人にもわかりや

すく、「ＩＴを使うと、こんなにいいことがあります」といった説明がしやすいからです。

１９９０年代後半は、ＳＣＭ（サプライチェーン・マネジメント）ブームが起こりました。工場から出荷された製品が、流通業者の倉庫を通って、小売店の店頭に並ぶまでの流れをサプライチェーンと呼び、その間の在庫の最小化やリードタイムの短縮化を狙いとした取り組みが始まりました。

それまで、メーカーの物流部は、「できた製品を卸や小売のみなさまの言うとおりに運べば満点」という受け身体質の組織でした。そこに単に指示通りに運ぶのではなく、製品の動きをできるだけ詳細にキャッチして、配送計画だけでなく、在庫計画や生産計画に反映させることで、より効率的な仕事ができる、という考え方がＳＣＭです。モノを運ぶだけの「物的物流」から、情報も含めた双方向の流れをコントロールする「ロジスティクス」へと役割が変わって行ったのです。

もちろん、情報を集めたり、流したりするためにはＩＴが必要でした。そこでＳＣＰ（サプライチェーン・プランニング）パッケージがＩＴベンダーから相次いで発表され、実需ベースの需要予測や需要変動を柔軟に吸収する生産計画修正などが工夫されていきました。

バーコードからおサイフケータイへ

ＳＣＭブームが２０００年代後半に下火になると、今度はＲＦＩＤ（非接触型タグ）ブームが到来します。これは単独で起こったブームではなく、ＳＣＭの取り組みの中から、製品１個単位で管理したいという「単品管理」のニーズが膨らみ、それまでの製品バーコードをより効率的に使おうと国際的な標準化が進みました。それがＧＳ１（Global Standard One）というコード体系の標準化です。コンビニや量販店で当たり前に使っているＪＡＮバーコードもＧＳ１の体系の中のひとつです。

印刷されたバーコードでは、印刷時にしか情報が更新されません。レジや改札口を通った瞬間に、非接触でかつ情報の書き換えが行われる〝夢のような〟バーコードがＲＦＩＤなのです。日本やアジア諸国では、交通機関で真っ先に普及しました。同時に書店やＣＤショップでの万引き防止やコンビニの少額決済用に普及していきました。米国では、ウォルマートやリーバイスといった企業が実証実験を行っていきます。

日本では「おサイフケータイ」、グローバルにはＮＦＣチップといった形で、非接触での読み書きチップが普及しています。これらもＩｏＴのひとつなのです。

すべての商品にＲＦＩＤチップがついたら

現在では、小売商品のうち、高額なものやサイズ・種類が多いものなどにＲＦＩＤチップがついています。さらには、従来の読み取り機が10数センチに近づかないと認識しないタイプのもの以外に、数メートル離れていても読み書きができるタイプのものも使われ始めています。

コンビニに商品が配送されて、店内に入ったらすべての商品が1個単位で数えられて、お店の在庫になる。売れたら、1個ごとにお店の在庫が減り、いまお店に残っている商品はいくつ――こうしたことがリアルタイムでわかると、「ツナマヨネーズのおにぎりが10個欲しいけど、どこのコンビニに行けば手に入るの？」といったお客様の問いにスマホで応えることができるのです。

さらに、お客様の「欲しい」メッセージがリアルタイムにお店に伝えられたら、お客様の欲しい量だけお店は用意すればよい、ということになります。まさに、オーダーメイド型のコンビニやスーパーができるのです。「山本さんちの今晩の夕食・献立に合わせた食材を、家族の人数分だけセットにして用意しています。ご来店時にはそのままお持ち帰り下さい、お忙しいときにはお宅までお届けします……」。お店にはお客様別の専用の冷蔵・

冷凍ケースが用意され、余分な在庫や無駄な廃棄はありません。必要になれば欲しい時にスマホで注文すると、すぐに用意されてくるのです。

お客様からの注文をベースにすれば

お客様からの注文がリアルタイムに、お店だけでなく途中の倉庫や配送トラック、さらにはメーカーの工場まで伝えることができれば、お客様の注文ごとに製造〜配送〜販売できることになります。これまでは、お店も工場もお客様が見えないため、お客様が今日買うだろう商品の数を予想して、数週間〜数か月前から原料調達・製造を始めてきました。IoT時代には、これらの流れが、お客様のオーダーごとに「欲しいから作ってもらう」形態に変わっていくはずです。

サプライチェーン・マネジメントのころから、どこまで受注型でお客様を満足させるかを、メーカーだけでなく、流通、物流業界全体となって知恵を絞ってきました。それもこれも、「お客様が欲しいものがわからない」ことが原因でした。IoTの普及によって、お客様の欲しいモノも、今お店や倉庫、トラックの荷台にあるモノも、リアルタイムでわかる時代になってきたのです。

お客様が欲しいモノ＝絶対に買ってもらえるモノの数・個数が確かであれば、それらを素早くどう用意するかだけを考えればよく、余計な在庫やムダな配送がなくなります。それにより最終的には商品の価格が下がる、といった望ましい循環に入っていくはずです。そうなれば、コンビニで問題となっている賞味期限切れの廃棄物の問題や多頻度配送で起こるトラックによる市街地の渋滞など、解消される問題もたくさんあるはずです。ＩｏＴは流通・物流業界を大きく変貌させる起爆剤でもあるのです。

４　サービス――「あなた向け」をいつでも・どこでも

予約や手配が変わってきた

典型的な個人向けサービス業である旅行サービスも、その予約手配やサービスの受け方が大きく様変わりしています。仕事上の出張であっても、机の上のＰＣやスマホから、直接航空会社の予約ウェブにログインして、日程や行程を考えながら直接予約することが普通になりました。さらには、チケット類を発券することなく、ＩＣカードやスマホで電子的に乗車・搭乗することが多くなり、従来の紙媒体で切符やチケットを持ち運ぶことも少なくなっています。

このことにより、航空会社や鉄道会社では、誰がいつ、どこからどこまでどのように利用したかを克明にトレースすることが可能になりました。マイレージやポイント制度も、個人を特定する手段であり、実際の乗車日や搭乗日だけでなく、予約日時や予約チャネル、さらには決済手段などもお客様情報として取り込んでいるのです。

これらの膨大なお客様情報を基に、個人別に（もしくは世帯別に）おそらく興味を持ってくれるであろう旅行先やツアーをお薦め（レコメンド）することが当たり前に行われています。さらには、旅行代金の値引きやお得なキャンペーンも数多く用意・提供されています。

旅行中も変わってきた

20年前を思い起こすと、航空券は旅行代理店の窓口で発券してもらわないと予約・購入が成立しませんでした。つまり、航空機や列車の座席は旅行代理店がおさえており、それを代理店の窓口で売ってもらう（駅や空港の窓口で買わない限り）、というビジネスモデルだったのです。

レジャー向けの旅行も、昔はパック旅行が主流で、旅行代理店の窓口で申し込みをし、添乗員さんの小旗のもと、ぞろぞろと大型観光バスに乗り込む、といったスタイルでした。現在は、少人数で好きなように旅程を組み、数名のグループで添乗員なしで行動する、といった個人型に変わってきました。添乗員がいなくなることにより、頼るものはガイドブックでしたが、今ではスマホやタブレットで観光情報や地図、イベント情報などに直接アクセスして行動することが多くなってきています。日本国内でも、外国人観光客がスマホやタブレットをのぞき込んでいるのをよく見かけます。

口コミ情報が重要に

このことは、旧来のマス型パック旅行から、パーソナライズされた個人型旅行に、旅行サービス商品が大きく変化したと言えます。さらに、お客様はわがままになり、楽天トラベルやトリップアドバイザーのような旅行サイトで、好き放題書き込みをするようになりました。その地域や施設を訪れようとしている潜在的観光客は、ひと通りそれらの旅行サイトを検索して、評判がどうか、クレームはないかなど、下調べができるようになっています。

旅行専門サイトだけでなく、一般のSNSにおいても、多くの旅先情報や観光おすすめ（および逆のやめた方が良い情報も含め）が掲載されます。これらも含め、旅行客であるお客様からの感想・評価などがもたらされ、双方向のコミュニケーションができあがってきているのです。

その上、お客様はもっとわがままを求めていきます。海外旅行で現地ガイドは欲しいが、丸々1日引っ付いて欲しくない、必要な時だけ横に居てほしい（例えば、レストランでの注文のときだけ、タクシーで行先を告げるときだけ、土産物屋での値段の交渉のときだけ、など）と考えたとします。実際には、生身のガイドさんが来るのでなく、スマホやタブレット上でコンシェルジュ機能が出てきて、その場の橋渡しと通訳をこなしてくれる、ということが可能なのです。

サービスの組み合わせは自分で決める、でも推奨パターンは欲しい

お仕着せのパック旅程ではなく、自分の（家族の）好みに合わせて、自由に行きたい場所・お店・サービスを選ぶことができるようになってきました。今後も、もっと自由にバリエーション豊富なメニューや選択肢の中から選ぶことができるようになるでしょう。メニューが多くなればなるほど、選ぶことも大変になります。そこで、自分の好みを覚えておいてもらって、数限りなくあるバリエーションの中から推奨メニューを提示してもらいましょう。これが、レコメンデーション・サービスやコンフィギュレーション・サービスと呼ばれる高度なＩｏＴの使いかたです。

ここまで来ると、お客様の「好み」に合わせて満足を与えることはもはや当たり前です。顧客満足（ＣＳ：カスタマー・サティスファクション）は、これからのサービス業では当たり前のレベルでしかありません。

当たり前のサービスのさらなる上を目指して

ＩｏＴ時代のサービス業では、お客様の好み・ニーズに合わせた内容のサービス提供では差別化できません。他に選ぶことのできない公共的サービスはそのレベルでも構わないのですが、お客様が複数の選択肢から選ぶことのできる（お客様から選ばれる）業態では、当たり前の顧客満足を通り越して、驚きや感動を与えなければなりません。

お客様の期待するサービス内容・レベルを通り越してサプライズや感動を与える、顧客歓喜（ＣＤ：カスタマー・デライト）を競い合う時代が到来したのです。もちろん、感動やサプライズは外れることもあります。しかし、選ばれるサービス業者になるには、最近の流行りやお客様の声から、知恵を絞りだして、感動を仕掛け続けることが必要なのです。

5 エンタテインメント――出し手と受け手の境目が消える

データ化したら〝ただ〟？

誰もがネットワークに常時つながり、いつでもどこでもクラウド上のデータにアクセスできる環境が広がるにつれて、音楽・映像業界では従来のパッケージ型と呼ばれたコンテンツ販売のやり方が大きく様変わりしてきました。日本国内でみると、１９９５年をピークに、２０１４年あたりではピーク時の半分の売上額に落ち込んでおり、この先も右肩下がりの傾向が予想されます。音楽配信の売上額も、このパッケージソフトの落ち込みをカバーする伸びは示しておらず、若年層を中心とした音楽離れが業界としての大きな課題になってきています。

各種音楽配信サイトの登場で、リアルな店頭販売（ＣＤやＤＶＤ型）から、必要に応じてダウンロードすることは、もはや当たり前の日常行動になっています。音楽だけでなく、書籍・雑誌・新聞など、従来紙やＣＤだったパッケージ型のコンテンツは、ネット上に当たり前に存在し、わざわざ持ち運ぶべきモノではなくなってきました。同様に、わざわざ個別にお金を払うことなく、期間契約でダウンロードし放題というサービスも増えてきました。楽曲や映像に個別にお金を払うことなく、月単位・年間契約で当たり前に「ある」状態が生まれてきています。このことは、常にダウンロードさえすれば、タダ同然に使える環境にあると言えます。

パッケージではなく、バラ売り

音楽ソフトや雑誌・書籍・新聞は、従来パッケージコンテンツとして流通してきました。パッケージ化するための「編集」という機能が重視され、そこで表現される嗜好やテイストと呼ばれる〝好み〟が重視されてきました。

リアルタイムにネットワーク接続が可能な環境下では、本当に欲しいものだけもらえれば良く、編集者の好みや志向はむしろ邪魔な感覚になってきているのかもしれません。そのうち、楽曲のこのサビの部分だけ、この漫画のこのページだけ、この小説のこの章だけ、といった、さらにバラした買い方も普及するかもしれません。

自分が「心地良い」「気持ち良い」と思う瞬間だけ、そこだけ切り取って流してくれれば、ずっと同じ心地良さでいられる、まさに、パーソナライズの心地良さ感を追求することが必要になるとすれば、「マス」対象で編集・パッケージ化してきた業態は、個人別にパーソナライズされた嗜好に合わせて、「個別に」編集することが求められます。この「嗜好」を登録しておけば、月額固定でずっと同じ心地良さを受けられる、そのような編集機能が求められ始めていると考えられます。

バラをセットアップしてくれる機能 ＝ 環境・雰囲気・場の提案

近い将来、個人別のエンタテインメント編集機能は、常に自分の横にＤＪが居て、自分の感情の変化や欲している雰囲気を察して、「自分に」適した環境をもたらしてくれるものになります。どのような環境下でも（その場の状況が許せば）、好みの環境に没入することができるのです。電車の中でも、自宅でも、場合によっては授業中や仕事中の状態であっても、外界から切り離してくれるディスプレイと遮音効果抜群のヘッドホンさえあれば、自分好みの環境下に居続けることが可能となります。自分がこういう環境が好きだ、こういう場面でくつろぎたい、こんな刺激的な場所にいたい、といったパーソナルオーダー型の環境提示装置。これからのエンタテインメントは徹底したパーソナライズが求められるはずです。

自分の心地良さが説明できない（指示ボタンを選べない）時は、傍らのＤＪ機能にどんどん提案してもらえばよいでしょう。最近流行の環境を次々にお試しして、今の自分にフィットする環境を選ぶことも可能です。場合によっては、今のリアル環境（温度・湿度・風向など）と身体的パラメータ（脈拍、血圧、脳波など）をマッチングさせて、自分の心地良さを類推してもらう機械学習も可能です。

刺激と心地良さのせめぎ合い

しかし、エンタテインメントは心地良さだけを求めるものではありません。むしろ、予定調和にない、刺激や驚きが欲しい場面もあります。自分の嗜好に沿った予定調和的心地よさと、まったく想像もしなかった刺激・驚きとの組み合わせが求められます。

これらの驚き・ハプニングは、あらかじめ収録されたコンテンツからは起こりにくいものです。遊園地のお化け屋敷は驚きを含んだ予定調和であり、実際の廃屋や心霊スポットとは異なります。日本国内でアイドルの握手会が流行るのも、リアルでの驚きや刺激がも

図表２－２　エンタテインメントの値段

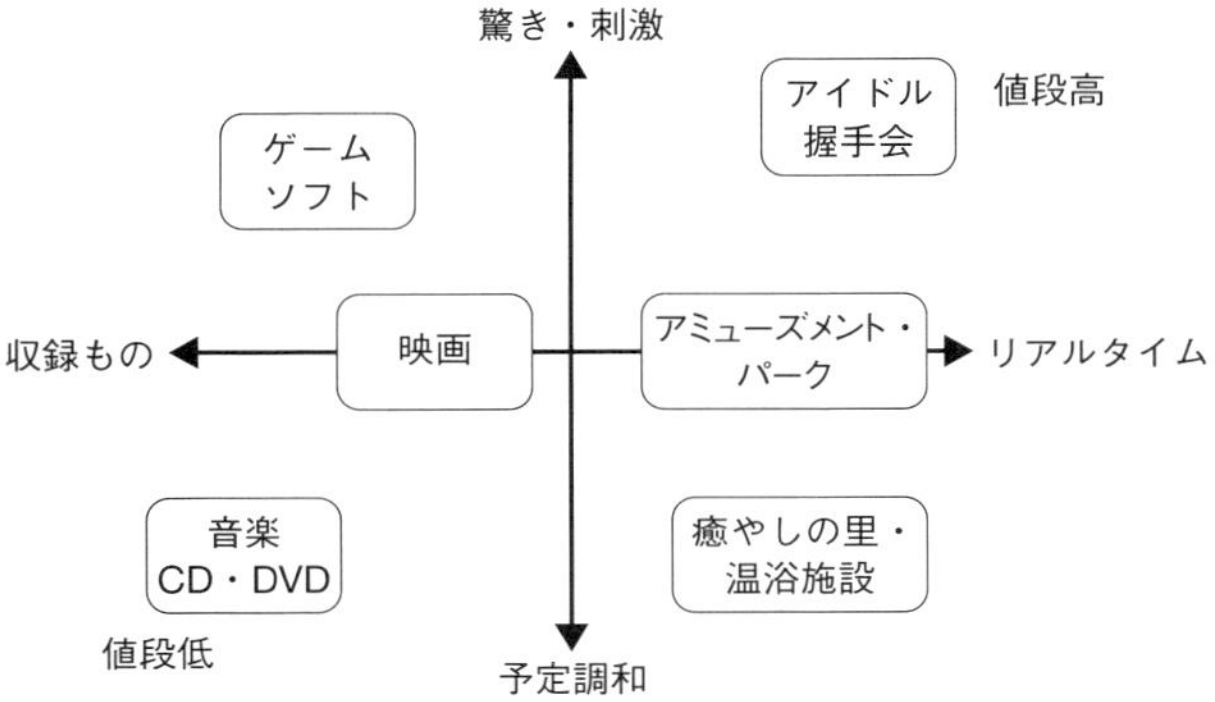

たらされるからでしょう。画面映像とリアル握手会とのちがい、録画映像とライブ映像との差異など、ＩｏＴが浸透していくエンタテインメント・サービスでの、個人ごとの価値の感じ方が変わってきているのです。

そこでは、過去の録画・録音ものはタダに近くなり、逆にリアルタイムのその瞬間にしか味わえない感動や驚きの値段が跳ね上がります。（「会いに行けるアイドル」だから高いのであって、「雲の上のアイドル」は安いのです）

6　医療・介護――高齢社会のニーズに応える

究極のパーソナライズ

医療・介護分野でのＩｏＴは、著しい進展を見せています。そもそも、医療データや介護データは個人別のものでした。医療機関でのカルテは個人別ですし、介護プランは要介護者の状況に合わせた個人ごとに作られるのが大前提です。

これらの個人別データが電子化され、持ち運びや比較・分析が容易になってきました。電子カルテはほとんどの医療機関で導入ずみですし、介護プランなども介護施設などで電子化・データベース化が進んできています。

さらに、「健康」な状態でも健康データが収集・蓄積されてきています。個人のＤＮＡレベルで疾病へのかかりやすさや体質などの傾向が明らかにされ、それらを基に診断や予防ができる環境ができあがりつつあります。病気になってから医療機関で診断を受けるのではなく、健康や「半健康」な状態であっても、疾病状態に陥らないよう予防する取り組みも増えてきています。メタボ予備軍の人たちに特定保健指導と称して、生活習慣や食生活の改善をうながし、生活習慣病にできるだけならないようにする施策などがそれにあたります。

同時にスマホやリストバンド型の連動ウオッチ、活動量計や体脂肪計などの個人の健康度合いを測る各種デバイスも普及してきています。これらのデバイスから得られた健康データはクラウド上に蓄積され、健康ログ（広い意味でのライフログ）としての活用が始まっています。

健康な状態をいつでもモニタリングできる

健康かどうかをモニタリングする、と言うと、多くの人は「私は年1回健康診断を受けています」とか、「2年に1回、人間ドックに入って何も問題がないです」と答えるでしょう。でも、「問題がない＝健康」という状態はそのときのスナップショットでしかないのです。

職場や学校の健康診断から次の健康診断まで、まったくカラダの不調がない、という人は少ないでしょう。いつ健康だと感じていて、いつ調子が悪かったのか？　その要因や原因は何だったのか？　など、毎月、毎週、できれば毎日、どうだったかの記録（ヘルスケア・ログ）をとることが望ましいのです。

現時点でも、健康オタクと呼ばれる人たちの間では、毎日の体重・体脂肪から、歩行数・消費カロリー、さらには摂取カロリー（つまり食べたもの）などの記録をきめ細やかにとることが行われています。１日数回から毎時・30分おきなど、その記録タイミングはリアルタイムに近づいていきます。ＧＰＳと連動すると、どこをどう動いて、歩いていたのか、電車に乗っていたのかなど、その位置データも克明に取り込むことができます。その蓄積したデータを振り返って分析して、自分の体調と照らし合わせることで、どう生活すれば「健康」状態を維持できるのかが類推できることになります。

各種ＩｏＴデバイスを活用することで、自らスマホやPC画面から入力しなくても、自動的にデータがクラウド上に吸い上げられ、そこで個人別に名寄せ・統合され、分析・解析された結果として、健康維持のための今日のお薦め行動（レコメンデーション）を自動的に提示してもらうことが可能です。調子が悪いと自覚症状があれば、その状況も入力して、過去１か月間のヘルスケア・ログを持って主治医を訪ねることもできます。主治医は目の前の症状だけでなく、過去数週間のログも参考に診断することになります。

図表2－3　パーソナライズド・ヘルスケア・データ・チェーン

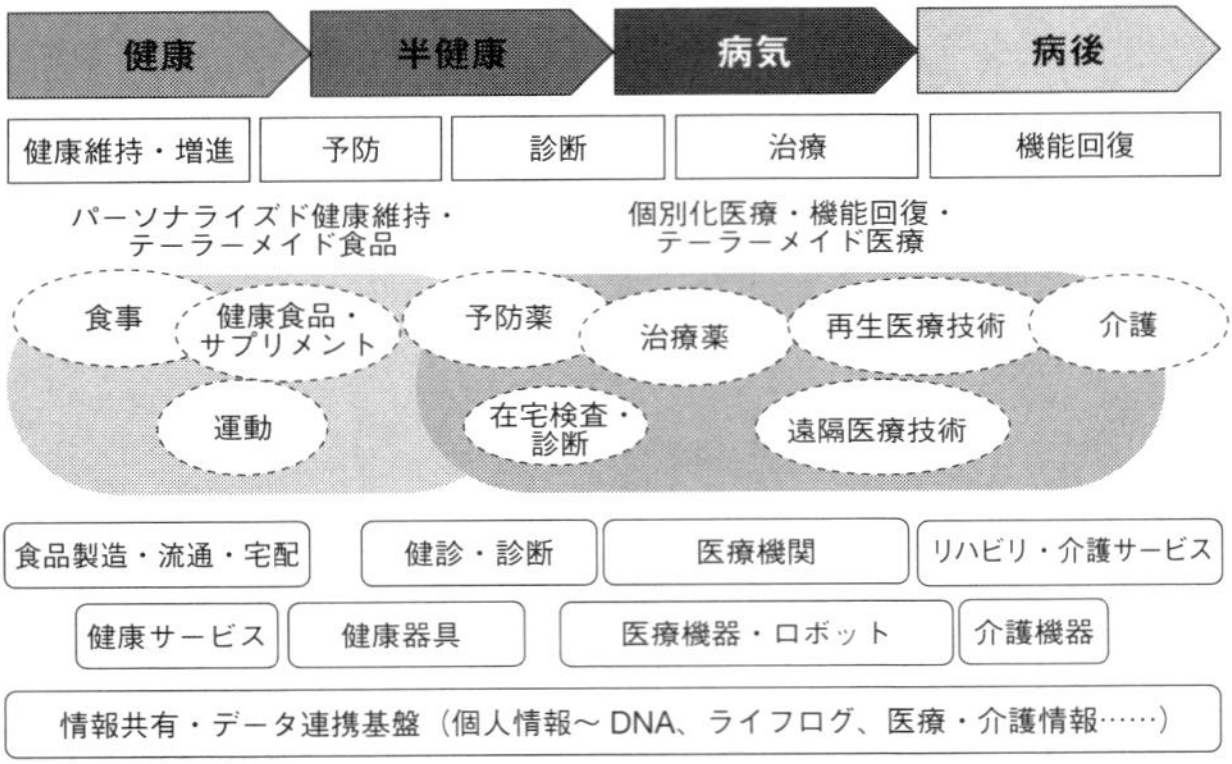

（出所）神奈川県「ライフイノベーション国際戦略総合特区」資料よりMRI作成

大きなヘルスケア・データ・チェーンを目指して

本来のパーソナライズ化された情報・データ起点に戻れば、健康・医療・介護を大きくとらえたヘルスケア・データ・チェーンができあがります。

その際、すべてのサービスの基盤プラットフォームとなる、データ連携・共有機能が不可欠です。現時点では、いくつかの自治体単位でのデータ連携の試みが始まっているのみです。各関係機関やビジネスモデルの枠を越えて、受益者（この場合は地域住民や患者）にとって最も望ましいサービスがどうあるべきか？　そのためのデータ連携・情報共有はどうあるべきか？　といったコンセプトレベルでの大きな合意が必要です。各レイヤー・団体別の覇権争いを行っている間は、受益者や国民は置いてきぼりを食っているだけで、何ら課題解決には向かいません。

ＩｏＴ時代は、ビジネスモデル勝負といわれます。公共的課題解決のためには、ビッグ・スキーム勝負といえるでしょう。ヘルスケア分野においても、大きな風呂敷（＝コンセプト）を広げられるサービス事業者が、各既存覇権とせめぎ合いながら、全体最適を指向し続けることが望まれています。

第3章

製造業・ものづくりへのインパクト

1　ものづくり、サービス、消費者の境目がなくなる

ものづくり（製造業）の概念が変わる

「ものづくり」と聞いて、まず頭に浮かぶのは製造業の現場ではないでしょうか。そして、この製造業の現場こそ、日本の「ものづくり」の強みであります。すりあわせやカスタマイズなど、日本の「ものづくり」の強さは、優れた品質、コスト、納期（ＱＣＤ：Quality, Cost, Delivery）を実現させ、世界に市場を広げてきました。ＱＣＤが重要な要素であることは間違いありませんが、ＱＣＤを基本としたこのものづくりは、実は「ものづくり」全体の一部でしかありません。

ものづくりをビジネスプロセスの視点でとらえた場合、そこにはマーケティング、製品コンセプト構築、製品開発、調達、販売、アフターサービスなど、複数の要素があることがわかります。そして、これらの要素は、人や組織、一部の情報によって断片的につながっています。マーケティング結果に基づき製品開発がなされ、必要な認証・認定を取得し、

製品が量産されます。完成した製品は営業・販売を通して顧客に届けられ、さらに顧客サポートとしてアフターサービスが提供されます。ただし、顧客の製品に対するクレームは、必ずしも製品コンセプト構築や開発につながっていません。

今日、このビジネスプロセス全体を、情報がより密接に結び付けつつあります。もちろん、顧客のクレームも製品コンセプトの構築などにフィードバックされます。これが、今日の「ものづくり」（製造業）の概念です。モノを造る現場だけではなく、マーケティングや販売、アフターサービスなど、ビジネスプロセス全体を包含したものとして、ものづくりをとらえることが重要となります。

ものづくり、５つの変化①：製品と価値

「ものづくり」を単に現場だけではなく、マーケティングからアフターサービスまで、ビジネスプロセス全体を包含した概念としてとらえるには理由があります。ここではものづくりで進行している５つの変化に注目して、その理由を考えてみましょう。５つの変化とは、「製品の変化」「価値の変化」「ビジネスモデルの変化」「リソースの変化」、そして「産業構造の変化」です。

図表3-1 「ものづくり」製造業5つの変化

	従来：顧客に買ってもらう（壊れたら修理・買換え）	今後：顧客に使い続けてもらう（壊れないために予防する）
1. Product（製品）	製品性能・品質、販売価格	運用・利用性能・品質、LCC
2. Value（価値）	ハードウェアを中心としたQCD	最適な使い方を実現するソフト、アプリ、サービス
3. Business（ビジネスモデル）	ハードウェアを売る（売り切り）	ソフト、アプリ等が付加価値の源泉 ハードウェアはコスト減
4. Resources（リソース）	製品に強い人材	顧客の使い方が分かる人材（Data Scientist, User interface engineer. Digital Engineer）
5. Industry（製造業の産業構造）	「ものづくり」中心の文化 クローズドなバリューチェーン	シリコンバレーの文化 オープンなバリューチェーン

第1の「製品の変化」は、特に重要な変化です。従来、製品にとって重要なことは、その製品の性能・品質、価格などでした。顧客は製品の性能・品質や価格を比較して、購入する製品を決めていました。しかし、顧客の目的は製品を買うことではありません。買った製品を、顧客が思うように使えて初めて製品の価値が生まれるのです。つまり、個々の顧客が製品をどのように使っているかはとても重要なことなのです。

ところが大量生産を基本として規格化された製品では、製品を売ることがとにかく重要で、顧客が製品をどう使うかという視点は、次第に希薄になってしまいました。実際、製品の使い方は顧客により千差万別で、技術が進展したり利用環境が変われば、その使い方はさらに変わります。つまり、個々の顧客が思うように使える製品こそ、優れた製品であり、性能・品質、価格はある意味、必要条件にしかすぎないのです。

このことは製品の「価値」にも変化をもたらします。良い性能・品質、価格だけではなく、どれだけ長いあいだ、自分の思うように製品を使い続けることができるかがより重要となってきます。つまり顧客にとっての価値とは、製品をそれぞれの顧客が思うように使える状況（最適な使い方）が維持できることを意味します。思うように使えることと、なんらかの状況が変化しても同じように使い続けることができることです。作り手はそのためのソリューションを提供しなければなりません。

ものづくり、5つの変化②：ビジネスモデル、リソース、産業構造

製品や価値が変化すれば、当然、作り手のビジネスモデルやそこに求められる人材などのリソースも変化します。ここで「ビジネスモデルの変化」はＩｏＴと深く関係してきます。重要なことは、個々の顧客にとって最適な製品の使い方がどのようなものかを理解し、

状況が変化しても最適な使い方を提供し続けることです。

このためには技術の進展や環境変化に対応して、製品そのものをアップグレードする必要があります。アップグレードにはハードウェアを改良し、より優れた派生型製品を開発することも考えられますが、それには費用や時間がかかります。一方で、アップグレードをソフトウェア、あるいはアプリケーションで行うことができれば、より簡単に対応が可能となります。

その結果、製造業では、将来の顧客ニーズを読み、あるいは発生する可能性があるトラブルを想定して、ソフトウェアなどのアップデートで対応できる「進化する製品」を開発することが重要となります。このことは、アップデートなどのアフターサービスがものづくり（製造業）にとって重要なことを意味します。もちろん、アップデートは時として大きな収益源ともなります。このビジネスモデルは、従来の製品売り切りモデルとは大きく異なりますが、重要なことは、「モノ造り」抜きにはこのモデルは成立しないということです。つまり、製造業のおもな収益源が製品＝モノであることは、基本的には変わらないのです。

一方、ビジネスモデルの変化は、求められるリソース、とりわけ人材にも変化をもたらします。例えば、顧客が製品をどのように使い、どこに価値を見出しているかを深く理解しているユーザ・インターフェース・エンジニアへのニーズは高まります。しかし、それ以上の変化は、顧客（消費者）そのものが重要な役割をはたします。製品の使いかた、課題や改善策、さらには新しいアイデアなどは、製造現場ではなく利用者、つまり市場にあるのです。

今後、ものづくりは、サービスを含めたビジネスプロセス全体を包含した概念となり、さらに市場＝消費者をも組み込もうとする新たな産業構造を構築していくことになると考えられます。

2　ビジネスモデルはどう変わるのか

2つのビジネスモデル

「ものづくり」（製造業）は基本的に優れた製品を製造し、これを世界市場で販売して収益を得るビジネスです。その中核にあるのはモノを造ることですが、現状、利益率が高い企業は、必ずしも「モノ」を造ることだけで高い利益率を実現しているわけではありません。むしろ、製品仕様やビジネス・コンセプトの構築、認証・認定、ファイナンスなど販売時のサポートやアフターサービス、ソリューションなどを有効に活用しています。前項で述べた製造業のビジネスプロセス全体を包含することで、高い利益率を得るビジネスモデルを構築しているのです。

このビジネスモデルは、ＱＣＤに優れた製品を量産してそれを販売する、いわゆる「売り切り型」のビジネスモデルとは異なります。それでは売り切り型のモデルと、ビジネスプロセス全体を包括するモデルとの大きな違いはどこにあるのでしょうか。それは、ビジネスプロセスのつながりを見るとよくわかります。

売り切り型のビジネスモデルでは、川下の顧客と川上のマーケティングや製品コンセプト構築がつながっていないことがほとんどです。製造業のビジネスプロセスの川上・川下がつながっていないと、顧客がどのように製品を使っているのか、何を求めているのかがわからなくなり、製品コンセプト構築や製品開発の出発点となる仕様を自身で作成することが難しくなってきます。実はこの違いが、製造業においてはとても重要なことなのです。

「どう造るか」と「何を創るか」

２０１０年、経済産業省の産業構造審議会・産業競争力部会がとりまとめた「産業構造ビジョン」では、日本の製造業が「技術で勝ってビジネスで負けている」ことを課題のひとつとして指摘しています。「技術で勝ってビジネスで負ける」とはどういうことでしょうか。日本は新素材、エネルギー、ＩＴなどの多くの技術分野で高い技術力を持っていますが、「ガラパゴス化」と称されるように、その技術を適用したビジネスでは必ずしも成功しているとはいえません。

なぜでしょうか。実は日本の製造業の強さは、すりあわせやカスタマイズなど、「モノをどう造るか」の強さが強調されています。この強みは売り切り型のビジネスモデルでは非常に有効ですが、ビジネスプロセス全体を包括したモデルでは不十分なのです。もちろん、すりあわせに代表される「モノをどう造るか」の強さを追求することは欠かせませんが、さらに重要となるのは「何を造るか（創るか）」を自ら決定することができる強さです。ここでは、前者を「サプライヤ」、後者を「インテグレータ」と呼ぶことにしましょう。

インテグレータは製品やシステムをインテグレート（統合）するのではなく、ビジネスそのものを統合するプレイヤーです。何を創るかを自らが決定し、そのことでビジネスプロセスの全体を掌握しています。一方、サプライヤはインテグレータの決定した製品の製造で大きな役割を果たすプレイヤーです。サプライヤにとっては「何を造るか」以上に、「どう造るか」、そして、いかに優れたQCDを実現するかが重要となります。

「何を創るか」かのビジネスモデル

インテグレータのビジネスモデルについて、もう少しくわしくみていくことにしましょう。

第1の特徴は、製造業のビジネスプロセス全体を包括するビジネスモデルであることです。つまり、ものづくり(生産)の川下と川上が密接につながったモデルです。なぜ、このことが重要かと言うと、「何を造るか」を決定するための情報・データ、そしてアイデアの多くは、川下に位置する顧客、あるいは市場にあるからです。例えば、自社の製品を使っている顧客からのトラブル情報やさまざまな要望が、次にいかなる製品を造るべきか、あるいはアップデートすべきかを決定することになります。そして、現在、作り手はこうした情報をさまざまな顧客から取得することが可能です。つまり作り手であるメーカーは、情報やデータなどが集まるハブなのです。

図表3－2　「どう造るか？」から、「何を創るか？」へ

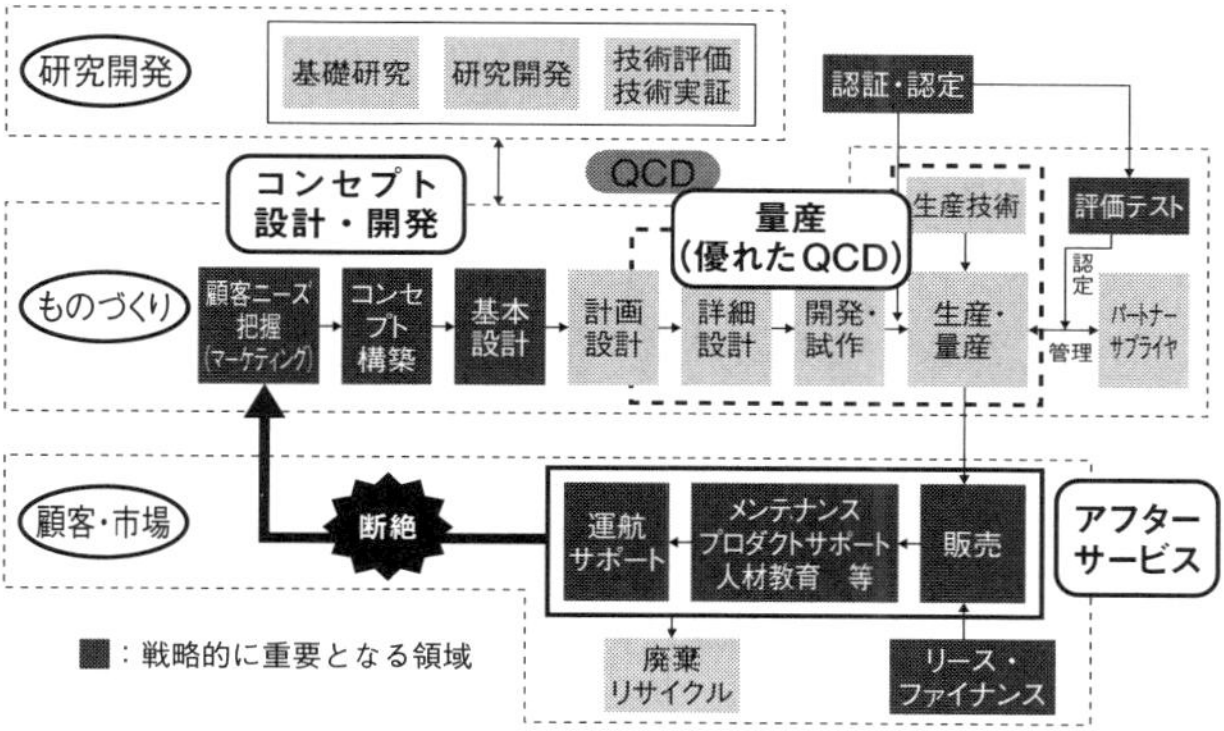

もっとも、次に何を造るかを決定するために必要な情報やデータのすべてが顧客や市場から簡単に取得できるわけではありません。そこで、取得が難しい情報は、顧客向けのソリューション・サービスなどを作り手が提供することによって取得するモデルが構築されます。

一方、川上との関係はどうなるのでしょうか。顧客や市場から取得した膨大な情報（ビッグデータを含む）をもとに、製品の実用化に必要となる技術（ハードウェア、ソフトウェア）の仕様が作成されます。つまり、新たな製品の仕様を、自ら作成する能力が確保されることになります。この能力は、インテグレータに不可欠な、きわめて重要な能力なのです。さらにこの過程で、技術を顧客の価値にとって重要となる

キーテクノロジーと、コスト低減のみを考えればよい技術に分けることができれば、競争力の大きな源泉となります。キーテクノロジーについては、知的財産化や標準化などを通して、インテグレータ自らがこれらを掌握するのです。

一方、仕様は自らが決定していますから、製造そのものはアウトソーシングしてもかまいません。アウトソーシング先の認証・認定を行うことで、製造された製品がそれでよいかをインテグレータが掌握できるのです。ここで標準化はきわめて重要ですが、その背景にある情報・データをもっているインテグレータが、標準づくりにも有利な立場にあることは明らかです。

以上のように、「何を造るか」のビジネスモデルは、ものづくりのビジネスプロセス全体を掌握するインテグレータのモデルであり、このモデルにおいて情報、そしてＩｏＴは、とても重要な要素となってくるのです。

3　インダストリー4・0とインダストリアル・インターネット

ＩｏＴの普及により、あらゆる産業で変化が訪れますが、その中でも最も大きく変わる産業が製造業、とりわけ組立型製造業です。

対個人向けのサービス業や小売業は、日々顧客に接しているため、自分たちの提供しているものが、顧客にとってどのような価値があるのか、比較的把握しやすい環境にあります。一方、製造業は、モノをつくることがメインで、モノを誰がどのように使っているのか、どのような価値をもたらしているのか、という点については、把握しにくい環境にありました。しかし、ＩｏＴでは「モノの使いかた」を把握できるようになるため、顧客にとってさらなる価値創出の可能性が大きく広がっています。

ここでは、その中でも特に注目されている製造業の新しい２つのコンセプト、「インダストリー４・０」と「インダストリアル・インターネット」を取り上げます。

インダストリー４・０とは、第４次産業革命のこと

インダストリー４・０とは、ドイツにおいて産学官共同で行われる次世代製造業のコンセプトです。

まず、そもそも何をもって４・０といっているのでしょうか。それは「第４次産業革命」を意味しています。18世紀後半から19世紀はじめにかけて、水や蒸気を動力源とした機関

を採用して機械的な生産設備を導入し、工場制機械工業へと変革したものが第1次産業革命。その後、19世紀末から20世紀初頭にかけて、電気を動力源とした大規模生産設備を導入し、分業化により効率的な大量生産を実現したものが第2次産業革命。さらに、1970年代からはエレクトロニクスと情報技術を活用し、生産の自動化を進めたものを第3次産業革命と呼んでいます。

そして、第4次産業革命では、ネットワーク上の仮想的（サイバー）な空間と、実世界（フィジカル）な空間とが、サイバーフィジカルシステムと呼ばれるシステム上で融合されたものを指しています。

ドイツでこのような新しいものづくりコンセプトがでてきた背景を理解するために、ここで簡単にドイツ製造業の歴史を振り返りましょう。ドイツでは、中世から近年までギルド（職業別組合。ドイツ語ではツンフト）や職人の職能資格制度であるマイスター制度を維持するなど、国家としてものづくりを大切にしてきました。また、日本と異なり、連邦制を採用してきた背景もあり、地域ごとに特徴のある産業を育成してきました。加えて、フラウンホーファー研究所に代表されるような世界的な研究機関も各地域に存在し、その地域の州立大学など学術機関とも連携しています。つまり、ドイツの製造業は、地域ごとに産官学が密に連携した産業クラスターを形成しているわけです。

そのような産業構造を持つドイツは、ＩｏＴを活用して産業クラスターごとの国際競争力を強化しようと目論んでいます。国際競争力が強化されることにより、ドイツ製品の輸出が増加することはもちろん、ドイツ製造システム（設計・生産基盤）自体の輸出も目指しています。製品輸出と製造システム輸出の２つが「インダストリー４・０」の狙いなのです。

誰が、どのように推進しているのか

では、具体的に、「インダストリー４・０」は、誰がどのような形で推進しているのでしょうか。その検討の経緯をひもときます。

２０００年に、ＥＵは「世界で最も競争力のあるダイナミックな知識基盤型の経済にする」ことを目指し、リスボン戦略を策定しました。その具体的な検討の過程で、２００２年欧州理事会において、「２０１０年までにＥＵ全体の研究開発投資を対ＧＤＰ３％にまで引き上げる」という目標を設定しました。

これを受けて、ドイツでは２００６年にドイツ初の国家主導の科学技術イノベーション基本計画である「ハイテク戦略」を策定しました。その内容は、２００７年から２０１０年までに17の技術分野に１４６億ユーロを投入するという非常に大規模な国家政策でした。

さらに、２０１０年にはハイテク戦略の後継である「ハイテク戦略２０２０」策定し、２０１５年までに、11の未来プロジェクトに対して、政策的投資を行うこととしました。その未来プロジェクトのうち、「ＩＴを活用した省エネ」と「未来の労働形態・組織」というプロジェクトが統合され、「インダストリー４・０」と名称の付いたアクションプランが策定されたのです。

その後、２０１３年には、「インダストリー４・０」の推進部隊として、産学官の戦略策定委員会「インダストリー４・０プラットフォーム」が発足しており、活発な活動が続いています。

研究開発を進める8つの分野

さて、インダストリー４・０の実質的な活動主体であるインダストリー４・０プラットフォームですが、具体的に誰が何を行っているのでしょうか。

まず「誰が」についてですが、インダストリー４・０プラットフォームの事務局は、ドイツの情報技術・通信・ニューメディア産業連合会（ＢＩＴＫＯＭ）、ドイツ機械工業連盟（ＶＤＭＡ）、ドイツ電気・電子工業連盟（ＺＶＥＩ）という民間企業で構成される業界団体が担っています。

実際の検討団体である運営委員会は、民間企業と大学、事務局（業界団体）で構成されます。具体的な企業としては、ＡＢＢ（重電）、ボッシュ（自動車部品）、シーメンス（産業機械）、ティッセンクルップ（鉄鋼）、ＳＡＰ（ソフトウェア）などが参画しています。

そのようなメンバーで構成されるインダストリー４・０プラットフォームは、次の８分野について研究開発のロードマップを作っています。

- **標準化**……複数の企業が情報ネットワーク上で統合されることを目指して、共通の標準とその標準に対応するしくみを作る
- **システム管理**……製造システムの計画・説明モデルを使って、情報システム管理のベースを構築する
- **通信インフラ**……信頼性が高く高品質なブロードバンド・ネットワークを、ドイツとパートナー国との間で大規模に拡張する

- **セキュリティ**……製造施設と製品に含まれるデータの濫用と不正アクセスを防ぐため、統一されたセキュリティのしくみを開発し、普及させる
- **ワークスタイル**……現場へ責任・権限を移譲し、個人の能力を活かすために、参加型ワークデザインと生涯学習の普及に向けたモデルプロジェクトを立ち上げる
- **人材育成**……職務と求められる能力に対応するための訓練のモデルを作り、最適な手法を共有する
- **規制**……新たな製造プロセスやビジネス・ネットワークに対応する法規制とするために、企業のデータ保護、法的責任、個人情報の扱いなどを検討する
- **省エネ**……製造業のスマート化に必要な追加投資と、それにより生み出される節約効果を計算し、比較する方法を検討する

このロードマップの作成組織であるインダストリー4・0プラットフォームとは別に、「スマートファクトリー産業プラットフォーム」というドイツ企業の自主的な団体が存在します。この団体は、インダストリー4・0プラットフォームの構成企業の多くが参画し、そこでの検討結果をふまえて実証実験などを行っています。

例えば、ドイツで行われる世界最大級の見本市「ハノーバーメッセ」などで、インダストリー4・0の具体的な成果として挙げられる工場の事例は、この「スマートファクトリー産業プラットフォーム」が主導で行っているケースが多いようです。

このようなドイツでの活動は、長年にわたって形成された、産官学が密に連携した産業クラスターという土台の上に成立しているのです。

インダストリアル・インターネットは、顧客に最も注目する

ＩｏＴにより大きく変わる製造業のうち、もうひとつの代表的なコンセプトとしてインダストリアル・インターネットがあります。インダストリアル・インターネットとは、ＧＥが提唱、推進している次世代製造業のコンセプトです。

どのようなものかというと、メーカーが製造・販売した機械のデータを集めて分析し、顧客が機械を使って得られるメリットを最大化しようということです。

これまでの多くの製造業は、持っている技術を生かした設計をし、素材や部品を仕入れ、製品を製造して売る（顧客が製品を購入する）ところまでが主な仕事だととらえていました。したがって、より高度な技術を開発したり、素材や部品を安く仕入れたり、多くの顧

客に買ってもらうことが事業としての関心事でした。

しかし、インダストリアル・インターネットで実現させようとしている世界は、そのような従来の製造業とは大きく異なります。インダストリアル・インターネットでの最大の関心事は、製品を購入してから製品を捨てるまでの期間にあります。この間に顧客は、製品からどのような価値やメリットを受け取ったのか、どうすればもっと大きなメリットを受けることができたのか、そのためにメーカーは顧客に何をすべきなのか、何ができるのか――このことに最も注目するのです。

顧客満足を実現した3つのケース

大きな病院で体内の検査で使うＭＲＩ（磁気共鳴画像装置）を例にとってご説明しましょう。これは、磁石と電波を使って生体内の状態をスライス状に映し出して検査するものです。

従来の製造業の関心事からすると、どれだけ強い磁場を発生させてより詳細な画像を映すかを競うことになります。たとえば「これまでの1・5テスラから3テスラとなった製品を新発売します」というセールスポイントです。そして、その3テスラの新製品をどれだけ安く、早く顧客に届けられるかを競ってきました。

ところが、インダストリアル・インターネットで目指す世界では、顧客である病院がMRIを使って得られるメリットをどのように最大化するかで競います。いくつか具体的に挙げていきましょう。

【ケース1】顧客の悩み：MRIの稼働時間を増やしたい。故障してからメーカーに連絡して、修理をしてもらうのでは遅い。故障する直前に修理なり、部品交換なりをしてMRIを使えない時間を短くして欲しい。

メーカーの対応：多くのMRIを使っている顧客を知っているメーカーでは、MRIの稼働時間がわかると、いつごろ故障するのかという予測ができる。予測ができれば、故障前に部品交換を行って顧客の要望に応えられる。そのために、MRIにセンサーを付けて稼働状況を把握する。

【ケース2】顧客の悩み：検査機器は、MRIだけでなく、X線装置、CT、超音波（エコー）などもある。もちろんメーカーもGEだけでなく、日本メーカーのものも多く扱っている。しかし、機器の保守メンテナンスは、各社とも自社分しか行わない。検査技師としては、1社に全部の機器保守をやってもらった方が、手間が省けて楽だし、当院の状況をいちいち説明しなくてもよいので助かる。

メーカーの対応：競合他社製品まで含めて、病院全体の検査機器管理をまるごと受ける保守サービスを行う。実際に、GEヘルスケアの保守サービス用トレーニングセンターには、日本を含む競合他社の検査機器を設置しており、GEの保守サービス担当者は、他社機器の保守もできる。

【ケース3】顧客の悩み：MRIはとても大きな騒音がする上に、ベッドに寝かされて狭い輪の中に入れられるので、不安を感じる患者さんがいる。特に子どもの患者さんは、恐怖を感じでベッドの上で動くことも多く、検査用画像を撮るまでに時間がかかる。そのため、1日で検査できる患者さんの数が少なくなり、病院の収益が悪化する。さらに問題なのは、子どもの患者さんやその親御さんが、当院に対して悪い印象を持ってしまい、その印象が色々なところに広まってしまうことである。

メーカーの対応：子どもの患者さんの場合、MRI検査を受ける前に、親御さんと共に

ＭＲＩ室の見学をし、不安を解消する。そのＭＲＩ室は、子供が喜ぶコンセプトルームとなっている。例えば、部屋全体に海の絵が描かれていて、ＭＲＩには船が描かれており、子どもの患者さんは船長というストーリーで、ＭＲＩ検査を受けてもらう。また、部屋には、気持ちを落ち着かせるアロマが焚かれており、親子ともども、不安を最小化するような設計となっている。メーカーは、他病院で成功したこのようなＭＲＩ室の設計と業務運用を他の病院に提案し、顧客病院の業績向上に寄与する。

３つのケースで見たように、顧客のメリットを最大化するために、メーカーとしてできることは多岐にわたります。このため、メーカーは顧客をより深く正しく理解する必要があり、その重要な取り組みのひとつとしてインダストリアル・インターネットがあるのです。

たとえば、ケース1では自社製品の稼働状況を把握するために、ＩｏＴの技術を使いました。ケース2では、ＩｏＴを活用して検査機器管理を行うことで、顧客理解を深めることに成功しました。ケース３では、ＩｏＴを用いた自社製品の稼働状況と患者さん特性の関連性から、病院の業績改善につながる提案を行うことができました。

インダストリアル・インターネットは、決して、保守サービスの効率化といった自社都合を押しつけるものではありません。ましてや無目的に自社製品にセンサーを載せて、とにかくデータ取得しようとするものでもないのです。

GEだけがなぜ実現できるのか

改めて確認すると、GEが推進するインダストリー・インターネットは、IoTを活用して顧客の理解を進め、顧客が自社製品から得られるメリットを最大化しようとするコンセプトです。GEの視点からいいかえると、顧客に対するリーダーシップを獲得し、それを維持、強化することとなります。これにより、ライバルを排除しやすくなり、顧客を囲い込むことができます。その結果、製品の買い換えや各種サービスの購入時に、自社が選ばれる可能性を高めているといえます。

インダストリアル・インターネットのような取り組み自体は、ある程度の規模を持ったメーカーであればできそうに思いますが、GEだけがなぜ取り組めるのでしょうか。その理由をいくつか挙げます。

まず、GEは長年にわたり、次の3つを重要な価値としてきました。

- **長期視点**：長期的視点から経営に取り組むため、創業以来130年以上の歴史の中でCEO（最高経営責任者）は実に9人のみで、全員プロパーです。1人平均10年以上在任し、長期的な取り組みを一貫して行っていることがわかります。例えば「世界シェアで1位か2位の事業のみ継続」という方針は、長期視点でないと断行できません。
- **顧客志向**：顧客の事業成長に寄与しようとする姿勢が明確です。成長する顧客の後からついていくのではなく、顧客の事業を成長させることで、顧客にとっての市場を創出し、育成に貢献しようとしています。それにより、自社にとっての新市場を生みだしているのです。
- **変化の起点になる**：顧客指向の延長にもなりますが、顧客（顧客の市場）の変化を自ら作り出す姿勢を持っています。顧客に先んじて、自ら早く変化することで、顧客・市場・競合の変化をうながすことができます。そして、変化すれば自社のリーダーシップをさらに高めることができるのです。

このように、GEには顧客視点で長期での顧客の変化を生み出すという価値・文化があったために、取り組むことができるのです。特に、インダストリアル・インターネットは顧客の利用環境の標準をつくることになり、その市場でトップのメーカーでないと実現が難しいものです。前述のとおり、GEは「世界シェアで1位か2位の事業のみ継続」という方針を掲げており、自社事業はほぼ市場トップだけなので、取り組むことができたというわけです。つまり、単にインダストリアル・インターネットと同じような取り組みを表面的に真似しても、うまくいくとは限りません。

インダストリー4・0とインダストリアル・インターネットの違い

ここで改めて、製造業の新しい2つのコンセプト「インダストリー4・0」と「インダストリアル・インターネット」の違いについてまとめます。

インダストリー4・0は「効率的なモノづくり革新」。IoTを使い産業クラスターの能力を高め、グローバル競争に勝つことを目指しています。

インダストリアル・インターネットは、「顧客への価値提供革新」。IoTを使い顧客理解を深め、顧客との関係強化により事業拡大を目指しています。

両者は、IoTに関連する取り組みとして似ているようにとらえがちですが、目指す姿は大きく異なります。もちろん、この違いは優劣や進化論で語られるものではありません。

図表３−３　インダストリー４.０とインダストリアル・インターネットの違い

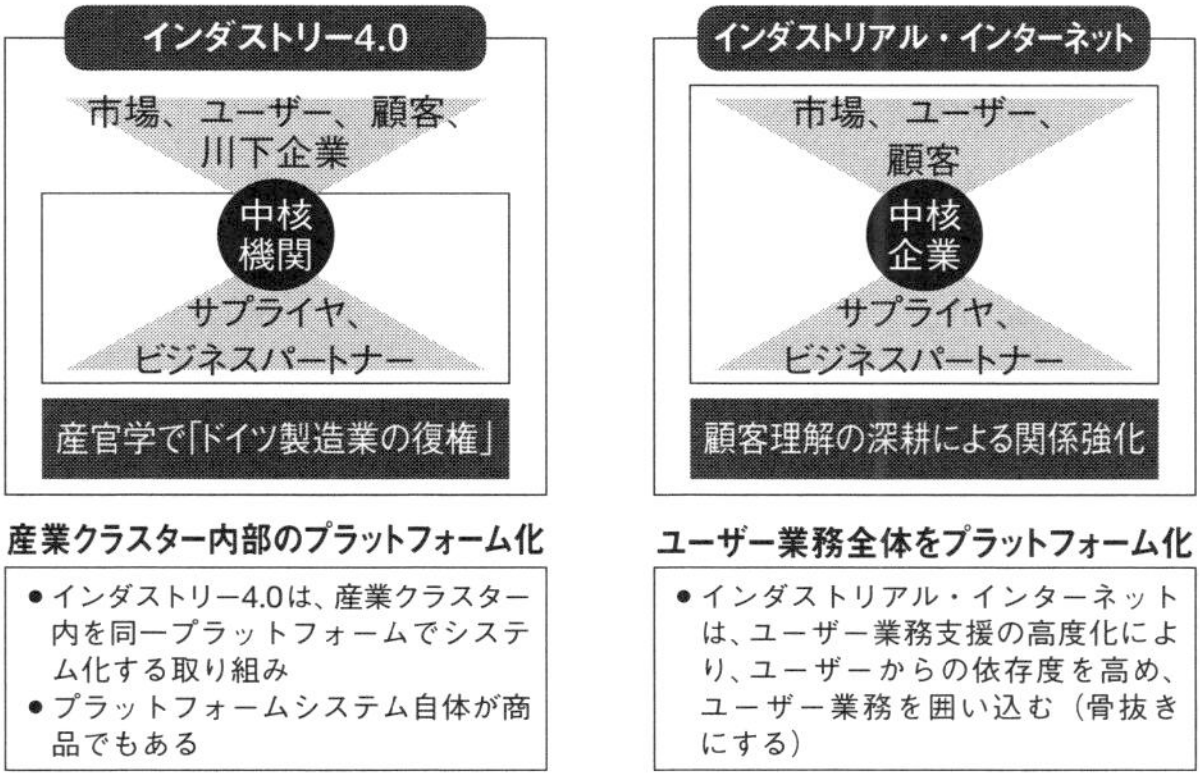
インダストリー4.0
市場、ユーザー、顧客、川下企業
中核機関
サプライヤ、ビジネスパートナー
産官学で「ドイツ製造業の復権」
産業クラスター内部のプラットフォーム化
● インダストリー4.0は、産業クラスター内を同一プラットフォームでシステム化する取り組み
● プラットフォームシステム自体が商品でもある
インダストリアル・インターネット
市場、ユーザー、顧客
中核企業
サプライヤ、ビジネスパートナー
顧客理解の深耕による関係強化
ユーザー業務全体をプラットフォーム化
● インダストリアル・インターネットは、ユーザー業務支援の高度化により、ユーザーからの依存度を高め、ユーザー業務を囲い込む（骨抜きにする）

日本の製造業各社も、ＩｏＴを活用し、誰のために何をするのか、改めて考える必要がありそうです。

日本の製造業はどこを目指すべきか

それでは、日本の企業はどうすればいいのでしょうか。ＩｏＴをどうやって導入するのかに目を向ける前に、自社の製品事業は何を目指すのかを改めて考えることが非常に重要です。インダストリー４・０とインダストリアル・インターネットの事例を通じて、その重要性をご理解いただけたかと思います。

もちろん、企業ごとの結論は一律ではありません。絶対的な正解もありません。各社製品の競争力（技術、コスト、供給体制など）、市場環境や顧客特性、社内文化・風土、サービス事業やデジタル化への理解度などによって大きく異なります。ただし、はっきりしている変化は何点かあります。製造業各社が考える前提となりますので、ここで整理しておきます。

成熟化する先進国市場において、完成品メーカーは顧客にハードだけを提供すれば期待に応えられるわけではなくなりました。多くのグローバル完成品メーカーは、単なるハード単体売りではなく、ソフトやサービスを統合して顧客に価値を提供するビジネスモデルへの転換を進めています。具体的には、次のような役割も求められています。

- **システム構築・販売**：ソフトやサービスを統合したシステムを構築し販売する
- **ソリューション提供**：顧客の事業成長機会やその際の悩みごとに対して、本当に最適なシステムを選択・提供する。また、顧客の事業変化に対し、その時点での最適なソリューションを提供し続ける。
- **サービス提供者**：自社製品を使い価値を生み出すことに特化した場合、自社製品を売るのではなく、自社製品を使った結果をサービスとして提供することになる。

このような選択を行わない完成品メーカーは、他社が提供するシステムの一部（部品）に飲み込まれてしまいます。ここでいう他社とは、いままでの競合ではありません。もっと大きな範囲でシステムを提供しようとする企業です。いいかえると、顧客の事業や業務に対して、プラットフォームを提供する企業が現れてくるのです。完成品メーカーに代わって、その企業が顧客への接点をつかみ、直接の価値提供に貢献するように変わってしまいます。

当然、その企業は製造業とは限りません。従業員が多数いる労働集約型サービス業かもしれません。グローバルで多くの種類の取引を成立させてきた商社かもしれません。はたまた、情報技術に長け情報の扱いに慣れた巨大ＩＴサービス会社かもしれません。

当然ですが、このような変化は経済が成熟した先進国で起こっているものです。発展途上国、新興国のように、従来どおりコストを筆頭としたＱＣＤに優れたハードだけを販売することで、競争優位が形成できる市場も残り続けるでしょう。

部品メーカーが備えるべきこと

では次に、部品メーカーはどのようになるのでしょうか。ここでは部品メーカーを２種類に分けてみていきましょう。ひとつは、グローバルニッチトップ（ＧＮＴ）といわれる、狭い市場でも高い世界シェアを持つ部品メーカー。もうひとつは、ケイレツの中に組み込まれ、特定の完成品メーカーがオーダーするものを製造してきた部品メーカーです。

ＧＮＴは、これまでも世界トップクラスの完成品メーカーと取引を行っています。ＩｏＴが普及することで、自社の製造能力を認識する取引先が増えます。当然ですが、この取引先は従来の完成品メーカーとは限らず、各種サービス業やＩＴ企業の可能性も高いことでしょう。

一方、ケイレツの中にいた部品メーカーは、ＩｏＴの普及をきっかけとするこの変化に対して、どうすべきか十分に考える必要があります。技術を研ぎ澄ましてニッチでもグローバルで競争できる企業（小型版ＧＮＴ）になるか、ＩｏＴやネットワークへの対応を前提とした生産プロセスやサプライチェーンを大幅に変化するか、いくつかの選択できる道は残っています。

いずれにしても、ＩｏＴが普及する世の中では、あらゆる部品はデジタル化しネットワークを通じて管理・監視・制御されるようになります。そのためにすべての部品メーカーは、その備えをすぐに始めなければなりません。

素材・プロセス系メーカーへの影響

次に、素材・プロセス系メーカーはＩｏＴでどのように変化するかについて述べます。

素材・プロセス系メーカーは、前段まで述べた組立系製造業、特に製造装置メーカーにとっての重要な大口顧客です。したがって、素材・プロセス系メーカーは、ＩｏＴによって自社製品の詳細な製造状況を、製造装置メーカー、物流メーカー、仕入先など他社とリアルタイムで共有することが容易になります。

もちろん、川上の素材・プロセス系メーカーであれば、販売先である川下メーカーの状況を把握することが可能になります。したがって、インダストリー４・０のようにこれまでよりも効率的に製造・供給を行うことが可能になるのです。

また、製品である素材そのものに、ＩｏＴで活用できる機能や要素を組み込むことも可能になってくるでしょう。現時点では、梱包材や輸送機材などにセンサーなどを取り付けて、ものの動きを把握しています。

なお、個別の業界でのインパクトは、この章の後半で見ていくことにします。

4　IoTで加速するグローバル1位、2位の戦い

業界トップ、複占の世界

IoTと関連して、近年、グローバル市場において気になる動きがあります。それは複占市場です。複占市場とは限られたプレイヤーが市場を占める寡占市場のひとつの形態で、英語では「Duopoly」と呼ばれています。複占市場では、市場を占有する（あるいは影響力を持つ）プレイヤーは基本的に2社です。

身近なところでは清涼飲料水のコカ・コーラとペプシコーラがあります。また、スマートフォンのOSは、アンドロイドとiOSで世界市場のほとんどを占めています（実際には、その中でもアンドロイドがかなりのシェアを占めています）。こうしたトップ2社がある程度の市場シェアを占有し、市場全体に影響力を持っているケースは、シェアの数値に差はあるものの家電製品、カメラ、LED、炭素繊維、ファスナーなどさまざまな分野で見ることができます。

グローバル市場で複占市場化がひとつの方向性となっている産業セグメントがあります。

それが民間航空機（旅客機など）の市場です。現状、世界の旅客市場は、年率で5％以上の伸びを示している成長市場ですが、この成長市場を事実上支配しているのが、アメリカのボーイングと欧州のエアバスの2社です。両社は、小型機と呼ばれる150～180席クラス以上のカテゴリーで世界市場をほぼ二分しています。また、民間航空機向けエンジンではアメリカのGE、P&W、英国のロールスロイスの3社（共同出資会社を含む）で、世界市場のほとんどを占めています。

この場合、3社なので一見すると複占市場ではありませんが、実は大型機、中型機、小型機と民間航空機のセグメント別にみると、市場はいずれか2社によって支配されています。同様に航空機の内臓にあたる装備システムについても、近年、アメリカのUTAS（UTC Aerospace Systems）と欧州のサフランが2強となりつつあります。航空機は部品数300万点以上の巨大なインテグレーション産業ですが、強力な「インテグレータ」がしのぎを削る業界では、世界市場を2社で争うケースが注目されます。

2社と1社・3社以上の違い

それでは複占市場とは、1社や3社の寡占市場と何が違うのでしょうか。例えば、企業パソコン向けＯＳの約90％はウィンドウズが占めています。ほぼ独占状態にあるのですが、実は顧客から見ると選択肢が他にないため、こうした独占状況は決してよいことではありません。事実上、１社が市場を支配しているわけですから、その地位濫用もあり得るわけで、実際、マイクロソフトはＥＵから競争法違反で処分を受けています。一方３社以上の場合、複数の競合相手があるため、それぞれの競合の動きを見ながら戦略を組み立てていかなければならない難しさがあります。

それでは２社の場合はどうでしょうか。ゲーム理論では、これに近い競争状況として、「二人零和有限確定完全情報ゲーム」と呼ばれるものがあります。例えば、囲碁やオセロなどがこれにあたります。「二人零和有限確定完全情報ゲーム」の特徴のひとつは、偶然に左右されないことです。つまり、競争相手は１人（１社）ですから、その動きを見て戦略を組み上げ対処することが可能となります。つまり、先読みをすることがより容易となるわけです。

ちなみに「零和」とは、プレイヤーの利得合計が常にゼロであることを意味し、「有限」は打ち手の組み合わせ数が有限であること、「確定」はプレイヤーの手以外にゲームに影響を与える要因がないことを意味します。実際には市場や事業環境の変化など外部要因変化があるため、このとおりにはなりませんが、企業にとっては戦いやすい市場環境であることは間違いありません。

ＩｏＴ市場を左右するプラットフォーム

企業にとって戦いやすい市場の一形態である複占市場で重要になるのは、相手の動きをいかに把握し、先読みして、先手をとっていくかです。そして、相手の動きに大きく影響するのが、いうまでもなく市場や顧客の変化です。このように考えていくと、いかに市場や顧客の変化を確実に把握するか、さらにいえば、市場・顧客の変化を考える上で特に重要となる顧客（キーカスタマー）をいかに押さえるか（場合によっては囲い込むか）が非常に大事です。

このため前述の民間航空機に限らず、多くの事業でマーケティングを行い、顧客ニーズを分析し、次の一手を決めているわけです。ところがＩｏＴを活用すれば、顧客がどのようなビジネスを展開しているか、何に悩んでいるかなどをリアルタイムに知り、その情報をもとにした将来の推測が可能となってきます。ここでビジネスモデルの項で述べた、ビジネスプロセス全体を包含した「ものづくり」（製造業）のモデルが威力を発揮します。

顧客と常につながることで、次に何をすべきかの意思決定を迅速に行うことが可能となるわけです。

一方で複占市場では主たる競争相手は1社なので、その動きを分析して、自らの一手を決めていけばいいことになります。このような複占市場においては、ＩｏＴでいかに市場・顧客と競争相手の動きを的確かつ迅速に把握し、対応するかで、市場支配力を高めていくことが可能となります。

インテグレータがしのぎを削るグローバル市場の複占化の流れの中で、ＩｏＴを活用したビジネスプロセス全体を包含したモデルが、勝敗を分ける重要な要素となってくると考えられます。さらに、ＩｏＴの活用にあたって不可欠となるプラットフォーム自体、アップルやグーグル、アマゾン、セールスフォースなどに見られるように、寡占化が進み、複占市場化が進展する可能性があります。インテグレータとＩｏＴを支えるプラットフォームの双方で、市場の複占化、グローバル1位、2位の戦いがより重要な意味を持ってくると考えられます。

5　自動車のIoT＝自動運転車ではない

自動車は馬車から進化したか？

内燃機関を持つ自動車は今から約130年前にドイツで誕生しました。19世紀末、人々の主な移動手段は馬車でした。自動車の誕生により、実用的な移動手段としての馬車は淘汰され、今ではパレードなどの式典くらいでしか見る機会はなくなりました。

では、自動車の祖先は馬車でしょうか。自動車は馬車が進化したものでしょうか。

おそらくそれはちがうでしょう。自動車を発明したのは馬車を作る職人でも、馬具の工匠でもなく、当時の最先端のテクノロジスト、機械技術者でした。その後の自動車技術の発展と社会に与えた影響は馬車を作ったり、利用したりしていた人々の想像をはるかに超えるものになりました。

IoTによる自動車の進化、利用者のライフスタイルに与える影響もこれと似たものになるでしょう。過去100年の自動車の延長にはない、不連続な変化が起こるでしょう。

IoT時代の自動車は単なる快適な移動手段というだけでなく社会生活のあり方を変える

可能性があります。

その変化は、馬車から自動車への移行と同じく、まったく異なる分野の技術により成されると予想されます。既存の自動車メーカーが単独で自動車のＩｏＴプレイヤーとなることはないでしょう。

１９７０年代にアップルを始めとするいくつかのベンチャー企業がパーソナルコンピュータ（パソコン）を発表した当時、ＩＢＭなどのメインフレームメーカーはこれに対して冷ややかでした。パソコン用ＯＳで世界を制覇したマイクロソフトは、スマートフォン事業で後塵を拝しました。

既存の枠組みにおける「巨人」が不連続な変化に追従するのは困難なことです。従来の事業で大きな収益を上げているのに、それを投げ打つようにメインフレームからパソコン、パソコンからスマートフォンへとかじを切るのが容易でなかったことは想像に難くありません。

現在の自動車産業はＩｏＴがもたらすインパクトを受け止め、これに適応することができるでしょうか。

自動車のＩｏＴ＝自動運転という誤解

ＩｏＴ時代の自動車はどのようなものになるでしょうか。カーナビの地図をインターネットからダウンロードする、渋滞情報を受信してドライバーに伝える、車内でメールを受信する……これらは情報通信技術の表面的な応用に過ぎず、すでに実現しています。

自動運転も遠からず導入されるでしょう。現時点でも、高速道路においてはレーダー、レーザー、光学カメラなどを連携して車を制御する半自動運転が実現しています。近い将来、（少なくとも技術的には）ドライバーを必要としない自動車が開発されるでしょう。ユーザーは運転席でも後席でも好きなシートに座り、目的地を告げるだけでよくなるはずです。これらは大変便利ですが、自動車のＩｏＴ＝自動運転ととらえるのは、これから起こる変化を矮小化しているように思えます。

ＩｏＴが本格的に導入されると、自動車と自動車、信号機（色表示に代えてビーコンなどの発信器となるでしょう）、鉄道、航空、フェリーの運行システムなど、およそすべての移動手段が双方向に情報をやりとりするようになると予想されます。

自動運転の車に乗り「スーパーまで」と告げて買い物に行くこともできるでしょうが、もっと違う使いかたもされるようになります。翌日の行動予定をスマートフォンに登録しておけば、朝、自動運転車で駅に向かい、ぴったりの時間の電車に乗り、到着した駅では別の自動運転車が待っていて目的地につれて行ってくれる。そして予定が変われば即座にすべてのアレンジを修正してくれる――そのようなサービス体系が構築されるかもしれません。先進国間であれば、海外出張においてもこれが実現するかもしれません。おそらくプロトコルは共通化されるので、その可能性は高いでしょう。

こうなると、「自動車のＩｏＴ化」といういいかたがちぐはぐなものに思えてきます。自動車がＩｏＴ化されるのではなく、「移動のＩｏＴ化」の手段のひとつとして（自動運転の）自動車が組み込まれると理解すべきでしょう。

所有から利用へ

移動がＩｏＴ化されたとき、個人が自動車を所有するでしょうか。おそらく「自分の車」を持つのはこだわりのある趣味人になるのではないかと思います。多くの人にとって、移動手段としての車は必要なときに必要なところにあればよく、「自分のもの」でなくてもよいということになるでしょう。

生活に車が必須といわれる地方都市においても、モータープールに備えられた自動運転車が、朝自宅まで来てくれて、１日動いて自宅に帰ると、車自身も待機場所に帰っていくような使われかたがされるようになるのではないでしょうか。

自分を拾いに来てくれる車は、個体としては毎回違っているかもしれません。しかし、シート位置やいつもの行き先などは自分用に設定されたものがやって来ます。乗り換えた先で乗る別の個体も、自分の都合・好みに合わせた設定になっているのです。特定の個体を所有するより、サービスに加入して必要なときに利用し、チャージを支払うという使いかたが普及するかもしれません。現在のカーシェアリングがユニバーサル化したような姿です。

こうした変化は、自動車分野のビジネスのありかたの再構築を迫るかもしれません。

6　スマホ化する自動車、製造メーカーも変化

自動車を取り巻くＩｏＴの動き

２０１５年６月、ドイツのボッシュは、ＩｏＴ（インダストリー４・０）を中核とした新たな戦略を発表しました。同社は、ＩｏＴが実現する世界を、ハードウェア、ソフトウ

ェア、およびその上位に位置づけられるビジネスモデルの3つの層に分けて定義し、特にソフトウェアとビジネスモデルに今後注力するとしています。

このことは、一見するとハードウェアを捨て、今後はソフトウェア、サービスで儲けるビジネスモデルのように見えますが、1節でも述べたように、これは「ものづくり」のビジネスプロセス全体を包含したモデルで、決してハードウェアを否定したものではありません。むしろ、IoTの適用で、ハードウェア、ソフトウェア、サービスをインテグレートすることが、自動車を含め、今後のものづくりでは不可欠となってくることを意味しています。

また、現在の自動車業界におけるIoTの動きは、先行する航空機と共通する点が見られます（航空機については次項参照）。自動車そのものは、HEV（ハイブリッド車）やEV（電気自動車）で電動化が進み、またインターネットにつながったコネクテッド・カーのコンセプトから、さらに自動運転の開発へと進んでいます（これは、航空機で2004年に開発された「Connexion by Boeing」や、現在の自動操縦と類似しています）。

また、故障や安全対策に関わるサービスの提供や、自動車そのものが情報発信源となるプローブカーなど、自動車のデータ（ビッグデータ）を活用したビジネスが広がりつつあります。この流れも、航空機エンジンでのＧＥのインダストリアル・インターネットに近いコンセプトです。

ＯＡＡとCarPlay

一方で、航空機と自動車で大きく違う点がひとつあります。それが、自動車向けのＯＳの開発競争です。年間９０００万台近くが生産されている自動車では、年間千数百機しか生産されない航空機と違い、ＯＳをおさえることは非常に大きなビジネスとなります。

現在、自動車向けＯＳ開発の中心となっているのが、グーグルとアップルの2社です。グーグルは、２０１４年にホンダ、ＧＭ、アウディ、現代および半導体メーカーのエヌヴィディアと共同でＯＡＡ（Open Automotive Alliance）を設立、現在は40社以上が参加しています。一方、アップルはメルセデス・ベンツ、日産、ホンダ、フェラーリなどと「CarPlay」を立ち上げ、こちらも自動車メーカーを中心に30社以上が参加しています。

つまり、自動車ＯＳの開発では、スマートフォンＯＳで競争を繰り広げている2社がしのぎを削っているわけです。さらにこの2社は、自動運転の開発でも競っています。もちろん、コネクテッド・カーや自動運転については、自動車メーカーやティア１（一次請け）

メーカーなども取り組んでいますし、中国ではアリババが上海汽車工業集団と共同でインターネット・カーの開発を進めています。

しかし、コネクテッド・カーや自動運転で重要となるＯＳとの関係を考えると、グーグルとアップルの動向は、前述の複占市場とも関連して注目されます。現状、自動運転は、２０２０年ごろの実用化が目指されていますが、自動車メーカー、ティア１メーカー、グーグルやアップルのどこが主導権を握るかは、技術だけでなく、どのようなビジネスモデルを構築するかに大きく依存すると考えられます。

カギを握るビジネスモデル

ＩｏＴは、コネクテッド・カーや自動運転で重要な役割を果たしますが、それ以上に重要となるのが、ＩｏＴを適用していかなるビジネスモデルを構築するかです。現在、取り組まれているものとしては、自動車の安全性向上、トラブル対策、ビッグデータを使った新たなビジネス創出などがあります。

たとえば、自動車事故の際、発生場所や事故の発生状況を迅速に消防や関係機関に伝え、１秒でも早く救助・救命を行うことが求められます。ドイツでは救急法で15分以内に治療などの措置を行うことが義務づけられていますが、ＩｏＴを活用すれば、事故の状況から搭乗者の怪我の程度なども推測して、より効果的な処置を実施できる可能性があります。

また、走行中に自動車の機器やシステムのさまざまなデータを取得することで、異常を早期に発見するとともに、それを予知することで故障や事故を未然に防ぐことができます。すでにボッシュは、ブレーキシステムをモニタリングすることで異常を早期に発見するサービスの実証を進めており、このサービスは物流会社などの安全性向上や保守費用低減などに貢献します。

他にも、運転者のブレーキのかけかたから、走行上、危険な場所を抽出したり、ワイパーの動きから雨の動きを把握したり、自動車から得たビッグデータを活用した新たな付加価値の創出も考えられています。特にトラブル情報は、その結果を素早く設計・開発にフィードバックすることで、より優れた性能・品質、より効率的・効果的な製品開発が可能となります。もちろん、ＩｏＴを生産プロセスに適用することで、生産性向上や在庫低減などを図ることができます。

今後は、自動車ＯＳや自動運転などの技術を掌握するだけでなく、ビジネスプロセス全体を包含した、より優れたビジネスモデルの構築が勝敗を分けることになると考えられます。現状、自動車ＯＳを握ることで勝敗が決するように考えられていますが、たとえば異常検知・予知の対処策としてのメンテナンスでは、モノを製造しているメーカーに強みがあります。なぜならば、現状、スペアなどのハードウェアがソリューションに不可欠だからです。

一方でテスラのようにソフトウェア・アップデートにより自動車そのものが進化する方向も拡大します。自動車業界でもハードウェア、ソフトウェアに加え、プラットフォームまでを含めた全体を掌握できるインテグレータが、今後、登場する可能性もあります。

7　航空機　より安全に、より最適に

デジタル・エンジニアが活躍

航空機は自動車の１００倍、およそ３００万点の部品から構成されています。しかもエアラインにとって、飛行機は「飛んでなんぼ」の世界です。つまり、いかに飛行機を安全に飛行させ続けられるかが、とても大切なことなのです。

そこで活躍するのが、航空機のメンテナンス（整備）を担当するエンジニアです。かつ

て、航空機がまだメカニカルな技術の集大成だったころ、機体やエンジンを整備するエンジニアには「神様」のような人たちがいました。戦時中、日本が開発した小型軽量２０００馬力「誉」エンジンは、性能を出すために神業的な整備が必要でした。しかし、ＩｏＴが普及した航空機メンテナンスでは、ＩＣＴに精通したデジタル・エンジニアが活躍します。

まずはメンテナンスに入ってきた航空機のステータスを、タブレットＰＣやスマートウォッチで確認。これまでその機体でどんな問題が生じ、いつ、どのような整備が行われ、今回どのようなメンテナンスをしなければならないかを確認します。電動化、ＩＣＴ化が進んだ現在の航空機では、現場で修理するよりは、モジュールや部位を交換するケースが増加します。このため問題のある部品や機器の取り外しや取り付けは、メガネ型ウェアラブルに表示される手順を確認して行います。さらにウェアラブルをタッチすれば、ストックされているスペアの状況、ストックの場所などがすぐわかります。もちろん、これらのデータによりメンテナンスのスケジュール管理やエンジニアのスキルの見える化なども行われます。

ダイアグノーシスからプログノーシスへ

デジタル・エンジニアが活躍する航空機メンテナンスが適用されているのは、航空機の状況に合わせてメンテナンスを実施するＣＢＭ（Condition-Based Maintenance）とヘルスモニタリングによる予兆分析をベースとしたＰＨＭ（Prognostics and Health Management）のコンセプトです。ＣＢＭはすでに広く適用されていますが、これにＰＨＭを組み合わせることで、より正確に航空機の状況、やるべきメンテナンスがわかるようになります。

ヘルスモニタリングでは、航空機の機体、エンジン、装備しているシステムの状況をリアルタイムでモニタリングしています。たとえば、エンジンに取り付けられた多数のセンサーで温度、圧力、回転数、燃料消費などのデータをモニタリングしているのです。問題があれば迅速にエアラインに状況を伝え、重大な問題が発生する前にメンテナンスを実施します。このことで、航空機は安全に飛び続けることが可能となり、メンテナンス・コストを削減することが可能となります。

多くのエアラインのエンジンや機体に取り付けられたセンサーから送られてくるデータは、まさに貴重なビッグデータです。ここで注目したいのは、故障診断して故障を見つけるダイアグノーシス（Diagnosis）にとどまらず、ビッグデータの解析から故障発生の予兆を見出すプログノーシス（Prognosis）を適用していることです。故障が発生してから対処するのではなく、故障が起きないように予防することが可能となるのです。

より安全、より最適な飛行の実現

航空機に求められる安全性は、自動車の１００倍ともいわれます。数多くのセンサーで集められたビッグデータは、航空機の安全性向上にも大きく寄与します。

たとえば、最新のボーイング７８７やエアバスＡ３５０では、従来のアルミニウムに代わり複合材料が多用されています。複合材料は軽くて強いのですが、金属材料と違ってクラック（ひび割れ）などが目視ではわかりません。ここで活躍するのが複合材料に埋め込まれたセンサーから送られてくるデータです。

データの伝送には光ファイバーや無線が使われます。特にＷＡＩＣ（Wireless Avionics Intra-Communications）技術は機体、エンジン、脚システムなどの装備システムへの適用も検討されています。航空機のすべてをリアルタイムでモニタリングすることで、航空機はさらに安全な乗りものとなります。ちなみにＷＡＩＣはワイヤなどを張り巡らせる必要がないので、軽量化にもつながります。

ＩｏＴは航空機の安全性を高めるだけではありません。多くの航空機のビッグデータを活用することで、個々の航空機をどのように飛ばせば最も効率的かを知ることができます。実はエアラインは自社の運航についてはよく知っているのですが、他社の情報は限られているのです。

そこで、メーカーがＩｏＴを活用してビッグデータ収集のハブとなり、顧客を超えて、より優れた提案を行うことが可能となるわけです。顧客からすれば、あそこの航空機やエンジンを購入すれば、自社にとって最適な航空機の飛ばしかたを教えてくれ、結果、より高い収益を獲得することが可能となります。当然、顧客はこうした価値を提供してくれる作り手との関係を強めるに違いありません。

8　ＩｏＴのユーザーとサプライヤとしての電機産業

ＩｏＴの普及には、電機産業とＩＴ産業がカギを握っているといっても過言ではありません。電機産業は、インダストリー４・０のようなＩｏＴユーザーになるとともに、

ＩｏＴで使うセンサーやデバイスなどを供給するサプライヤでもあるため、重要な役割を果たします。ＩＴ産業はいうまでもなく、ＩｏＴで出てきたデータを処理し、ＵＩ／ＵＸを意識したソフトウェアを作るまで、最も重要な役目を担います。この２つの産業に対するインパクトについて述べていきます。

ＩｏＴユーザーとしての電機産業

組立系製造業の代表的産業のひとつである電機各社は、これまで30年以上にわたり、自社工場のファクトリーオートメーション（ＦＡ）化を進めてきました。その中で、自社工場で使う機械のデジタル化、ソフトウェアによる制御、自律的運転を進め、いまでいうところのＭ２ＭやＩｏＴをいち早く取り入れてきました。

しかし、これまでのＦＡ化は、自社工場の効率化、つまり製造コスト削減や製造リードタイム短縮を目的に行ってきたように見受けられます。ＩｏＴは、効率化だけではなく、新たな価値創造の可能性もあるのではないでしょうか。

たとえば先に触れたとおり、インダストリー４・０は、同一産業クラスターで標準化を進め、ドイツ製造業全体の国際競争力を高めようという視点で実施されています。いずれ、ドイツ以外の組立系製造業もスマートファクトリーに取り組むことになるでしょう。

ＩｏＴサプライヤとしての電機産業

ＩｏＴの普及により、最も早く、直接的に業績への貢献があるのは、センサーやデバイス、その周辺機器やソフトウェアまで取り扱っている電機各社であることは間違いありません。ポイントは、ＩｏＴを前提としたビジネスモデルを描き、それにふさわしい体制へ変革できるかに尽きます。

ごく一例になりますが、次のような変革が必要ではないでしょうか。

- **組織の分け方と役割分担**：従来の「ものづくり＋もの売り」から、顧客への価値提供を軸としたソリューション提供型組織へ移行する必要があります。さらに、顧客と価値共創するような顧客内各部署＋営業＋設計＋製造＋サービスが協働できるチームに変革する必要があるでしょう
- **業績評価制度**：製造コスト、販売売上という業績評価だけでなく、顧客満足や既存顧客リピート率、顧客内シェアなどＩｏＴによる新たな価値創造を評価する制度が必要

です

・事業横断部門の位置づけ：調達部門、物流部門、情報システム部門といった事業横断で役割を担ってきた部門は、コスト削減やリードタイム短縮といった効率化を目標に業務を行ってきました。しかし、これからはＩｏＴによる新たな価値提供に貢献しなければなりません

調達部門はビジネスパートナーとの協業を推進し、物流部門は他社製品も含むシステム全体、ソリューション全体を顧客にとって最適なタイミングと品質で届ける役割も持つでしょう。情報システム部門は事業部とともにＩｏＴを推進することが期待されていますが、現実的にどこまで対応すべきか、また対応できるのか、という点について決めておくべきかもしれません。

ＩＴ産業は誰を顧客にするのか

これまで、日本のＩＴ産業は、金融業や公的組織、一般産業などの業界を顧客としていますが、ここではＩｏＴに関連の深い一般産業向け事業へのインパクトについて考えます。

これまで顧客の情報システム部門に対して、顧客の間接業務や事務作業を中心に情報シ

ステムを構築してきました。ＩｏＴで必要な情報システムは、顧客の事業に直結していま す。そのため、顧客の事業部と仕事をすることになります。それは、これまでの仕事の進めかた、用語、顧客側のＩＴの知識、ＩＴ会社の事業への理解や知識、自社の組織体制やビジネスモデル、エンジニアのキャリアプランなどを大幅に見直すことを意味しています。

事業部門は、これまで情報システム部門と付き合いのあったＩＴ会社を使うとも限りません。ＩｏＴにふさわしい、ソフトハウスやクラウドサービスベンダーとビジネスを進める可能性が高いことを意識すべきでしょう。

9　スマート化が加速する住宅・建設、インフラ

住宅・建設、インフラは、次に挙げる2点において、ＩｏＴ導入によるメリットがあります。

①　事前に机上で検討、設計、準備をしたところで、現地の状況が最優先であり、すべてそこに合わせなくてはならない

↓　ＩｏＴで現地の状況を把握し、現地にあるモノや現地にいる人に、その場で最適な作業ができるよう指示や制御信号を出す

②　全体を設計・管理する組織、個別の機器や装置を製造・提供する組織、建築物・構造物を作る組織、完成後に保守運用する組織がそれぞれバラバラの場合が多く、状況の共有が難しい

↓　ＩｏＴで現地の状況はもちろん、各組織の現地以外の情報も共有することで、設計から運用までスムーズに行うことができる

それでは、各産業で行われている事例を具体的に見ていきましょう。

すでに実現し始めている住宅のＩｏＴ化

ＩｏＴの事例として、一番身近で個人でも取り組むことができるのが住宅関連のＩｏＴです。

代表例として、ＨＥＭＳ（Home Energy Management System）があります。家電やガス給湯器などをネットワークにつないで、家庭で使うエネルギー（電気やガスなど）を監視し、ムダを省こうというものです。たとえば、家族で旅行に出かけた先で家のエアコ

ンを消し忘れていたことがわかったのでスマホを使って消す、といった使いかたができます。また、電力料金が安い時間帯に洗濯などを行い、電力料金が高い時間帯は普段より消費電力を制限するなどということも可能になります。

もうひとつ、住宅のＩｏＴとして挙げられるのが、テレビやパソコンを中心とした家庭内映像・メディア機器のＩｏＴ化・ネットワーク化です。すでに当り前になっていますが、定期的に同じ番組を自動録画したり、家の外から録画予約ができます。さらに、自分の嗜好にあった番組を、自律的に選んで録画するようになるでしょう。

家庭内メディア、ご近所限定メディアとして、インターホンの潜在能力についても触れておきましょう。もともと非常にプライベートなメディアであるインターホンが、これまでより少し大きな画面になり、家族の予定や伝言が共有され、近所のスーパーのチラシが配信され、そのままネットスーパーで買うことができる生活が訪れるかもしれません。

建設業界で広がる取り組み

建築の世界では、ヨーロッパを中心に、情報化施工という取り組みが急速に広まっています。

たとえば、掘削や整地が必要な現場では、事前の情報との誤差が必ず発生します。情報化施工では、その誤差を自動計測し、ソフトウェアが実際の作業を行う建機のドライバーに対して、最適に修正された作業指示を出します。ドライバーは、計測結果から導き出された作業指示に基づき作業を行います。

このように、現地を計測する技術と計測処理が発達し、作業に使う機器がスマート化することで、これまででは考えられないようなやりかたで作業効率と作業品質の向上を図ることができます。

インフラすべてが「スマート化」

現地を監視・計測し、最適な作業指示を出すことは、社会インフラ全般で最も大きな価値を提供します。たとえば、ガス管や水道管がスマートになり、ガス漏れや水道管破裂が起こる前に知らせてくれるようになるかもしれません。電力は一足先にスマートグリッドでインフラのスマート化を実現しました。

さて、ここでは少し毛色の違う事例をご紹介します。こちらも海外の事例ですが、街中にあるゴミ箱がスマートになったというお話です。アメリカのある都市では、ゴミ箱にゴミの蓄積状況を把握するセンサーと、自動圧縮する機能を持たせゴミ回収の最適化を図っています。さらに、ゴミ箱の最適配置とゴミ収集車の効率化も実現しています。

このように、ＩｏＴの特徴であるソーシャル性を生かすことで、社会インフラなど社会全体での課題解決にも役に立っているのです。

10　素材メーカー、電力・エネルギー――生産性向上への期待

素材メーカー・エネルギー各社は、自社製造設備のＩｏＴ化により、生産性向上が期待できます。

自社製造設備の詳細な運転状況をリアルタイムに把握でき、装置自身が自律的に制御できるようになるため、設備保守や設備管理が飛躍的に効率化されます。さらに、リアルタイムな運転状況や製造計画を仕入先、物流業者、製造装置メーカーなどのビジネスパートナーと共有することにより、さらなる効率化に加えて、新たな価値が創造できる可能性もあります。

それでは、それぞれの産業での事例を述べていきます。

素材メーカー、プラント単位で共同化

化学や金属といった素材メーカーは、ＩｏＴを活用することで、自社工場だけでなく、取引先とリアルタイムに詳細な情報を共有することができます。この考え方は、一部の国内石油化学コンビナートですでに実施されています。

この事例では、化学プラントごとに個別に行われていることを共同化していこうというコンセプトで行われました。目的は石油化学コンビナートという単位で、グローバル競争に負けないようにしようというもので、まさにインダストリー４・０と同じような考え方です。具体的には、次のような項目です。

- プラントの監視・制御のシステムの共同運用化
- 水、電気、蒸気などユーティリティ類の共同化・全体最適化・自動化
- 石油化学製品倉庫の共同化・全体最適化・自動化
- ナフサ、タンカーなど原料調達に関する状況の情報共有

さらなる可能性として、次のような取り組みも考えられます。

・梱包材・輸送（バルクコンテナ、バラ船、ドラム）の共同化
・消費者行動予測を起点とした需給計画の自動調整

いうまでもなく、これらの取り組みは、ＩｏＴにより、製造装置や原材料、商品がスマート化され、ネットワーク上で広く共有することで実現できるものです。

電力・エネルギー、リアルタイムで状況に対応

電力・エネルギーはスマートグリッドというコンセプトをいち早く打ち出し、スマートメーター導入による電力マネジメントの実現に向けて進んでいる業界です。ＩｏＴのような取り組みでは、最も大きな規模で取り組んでいる業界でもあります。

発電所では、発電用タービンや発電機の各所にセンサーを取り付け、詳細な稼働状況などをリアルタイムに監視しています。そこでまずは、部品交換や修理の予測を行い、保守作業や部品発注といった運転の効率化にＩｏＴを活用しています。その上で、各装置の運転状況と発電能力の関係を分析し、より効率的な運転をある程度自律的に行うために、ＩｏＴを高度に利用しつつあります。

また、送配電機器に関してもＩｏＴ化を進めており、機器に取り付けた温度センサーでリアルタイムに熱上昇を感知し、送配電網の流れを随時調整し、送配電機器の損傷を抑え、長寿命化を実現しています。

さらなるＩｏＴ活用の可能性として、電力の需要と供給のギャップ調整のリアルタイム化が考えられます。現在の取り組みの範囲でも、電力需要をリアルタイムで取得、あるいは直近の需要を予測して、発電所での発電量を調整するという構想があります。これは、発電所（エネルギー）ごとの取り組みですが、将来的には、需要変動だけでなく、自然エネルギーによる供給予測も加味した上で、リアルタイムにエネルギーミックスを変更できるようになるかもしれません。

たとえば、１時間後に風が強くなりすぎて風力発電の効率が落ちることが予想されるため、ガスタービンの出力を少し上げたり、水力発電や太陽光発電の比率を高めたり、といったことができるかもしれません。

■知っておこう、IoTのセキュリティ

切実なセキュリティ面の課題

ここまで見てきたように、今後IoTの活用により、人々の生活がより便利、快適になるという素晴らしい可能性が期待されています。しかし、IoTはよいことづくめとはいえない事件が、ここ数年増えてきました。セキュリティについての問題です。この強力なIoTの環境が、不正にアクセスされて情報を盗み取られたり、改竄《かいざん》されたり、不正にコントロールされる危険性をも同時に高めているのです。

いまや、人（携帯電話）も住宅も企業も、インターネットを代表とするネットワークにつながっている環境が当たり前になってきました。それはあくまで人と人、あるいは人と「人の作成した情報」をつなぐものが主流でしたが、今後IoTが普及することにより、人と機械、あるいは機械と機械（M2M）を直接つなぐことが増えてきます。

前者の従来からあるネットワークを「情報系システムのネットワーク」、後者を「制御系システムのネットワーク」と表現しています。IoT以前のセキュリティ侵害は、ほぼ前者を対象とするものに限られていました。しかし、今後ＩｏＴが普及することにより、機器や機械設備、あるいは車のような「モノ」までもが、直接セキュリティ侵害の対象になる危険性があるのです。

機械や設備が不正にコントロールされることには、これまでとは質的に異なるリスクがあります。新たに対処すべき事態が生じたことを意味しているのです。

実際に、制御系システムを直接狙ったものが急速に増加しつつあります、特に２０１０年に世界中で話題になったコンピューターウィルスのStuxnetは、原子力発電所の制御システムを攻撃対象としたとして大きく取り上げられ、社会インフラが狙われた場合に想定される被害の大きさ、深刻さに多くの人々が気付くきっかけとなりました。過去何時間も原子力発電所が停止させられたり、水道システムが不正にアクセスされたりする事例も起こっており、今後より広範囲に電力、鉄道といった社会インフラ系の制御システムが攻撃対象になる危険性が高まっています。早急に堅固なセキュリティシステムを組み込む必要があるのです。

セキュリティ対策

今後のＩｏＴの展開をにらんで、住宅内や企業内の制御システムにおいても、汎用製品やインターネットで広く使われている通信手法の利用が進みつつあります。さらにインターネットにつながる情報系システムと制御系システムを接続するケースも、年々増えつつあります。これらは、接続すること自体を優先することなく、十分なセキュリティシステムを構築した上で進めなければなりません。

これに対して世界中で産官学を含めたさまざまな取り組みが始まっています。セキュリティ侵害事例の情報は即座に世界中で共有され、対策が施されるよう取り組みが始まっています。それだけなく、現在のシステムの脆弱性診断、推奨セキュリティ技術の情報提供、セキュリティ技術者養成といった取り組みも始まっています。日本でもさまざまな専門機関から情報が提供されていますので一読をおすすめします。

とはいっても、制御系システムのセキュリティ対策には、情報系システムにはない難しさもあります。そのひとつは対象の多さです。情報系システムであればそこに「人」が介在する以上、対象となる数は人の数を超えることはありません。しかし、IoTは「モノ」が対象となるだけに、その数自体も、組み合わせの数もケタ違いで、さらにその増えかたにも制限はありません。

これにより「人」に依存したセキュリティ維持管理システムでは追いつかない可能性がでて

きました。また、従来のセキュリティ技術や対策は、情報系システムにおいて開発され、発展してきたという歴史的な流れがあります。制御系で求められる、遅延ミリセカンド（1000分の1秒）以下のリアルタイム性や、停止検証が難しい中での可用性といった、厳しい制約下でも機能する新しいセキュリティ技術や対策が早急に求められています。

企業内における対策

企業内を見た場合、組織上の問題も顕在化しています。これまでのように主に情報系だけを見るような管理体制では、状況に適応できません。製造現場をも含めたセキュリティ管理、管轄体制を、現在の社内の組織に組み入れ、構築する必要があるのです。特に製造業において、現場の稼動停止は死活問題です。それだけに、製造現場には独立した権限が付与されてきました。こうした組織文化の中で、どう社内での合意を形成するのかが問われはじめているのです。

最も重要なのは、情報系、制御系を含めたトータルな「セキュリティポリシー」の構築です。たとえばStuxnetはまず情報系システムに入り込み、そこを足場に制御系システムを狙うという仕組みで、今後こういった攻撃方法が多く予想されます。しかし、守る側の行動がバラバラでは、守りようがありません。まずは全体を含めた整合性の高いセキュリティポリシーを策定し、それに基づいて現実的に機能する「管理責任体制」を構築、さらに「詳細手順」を定めておくことが求められます。

不正にアクセスされないための対策だけでなく、万が一不正にアクセスされた場合の迅速な対応、どちらかわからない段階での危険予知、人命がかかわる事態での緊急停止権限、プロセスの明確化なども必要になってくるでしょう。

制御系システムは情報系システムに対して比較的長く使われているケースが多く、さらにインターネットのようなオープンなネットワークへの接続を想定していなかったものがほとんどでした。このため、安易に接続することを優先すると、重大なセキュリティリスクを招きかねません。しかし、だからといってネットワークへの接続を完全に遮断するという方針では、企業として大きなハンデになってしまうでしょう。

経営においてはリスクをとり、それを適正にマネジメントすることによって初めて大きな利益が得られるように、今後ＩｏＴの果実を得るためには、このセキュリティ対策に真正面から取り組み、確実にそのリスクを排除できるシステムを作り上げることが求められるのです。

第4章 日本にとっての大きなチャンス

では、ＩｏＴは、日本にとってどのような機会をもたらすでしょう。

この章では、ＩｏＴを活用して日本の競争力を高める方向性について、いくつかのテーマで触れていきましょう。

1　3つの知恵の輪（3つのプラットフォーム）

「ものづくり」とサービスの融合

これまでお話ししてきたように、今後の「ものづくり」（製造業）では、ビジネスプロセス全体を包含してのビジネスモデルの構築が重要となります。そして、この考えかたはものづくりだけではなく、サービス分野のビジネスにもあてはまります。顧客にとって優れたよいサービスを構築・提供し、サービスを提供する中で問題が発生すれば、それを改善し、より優れたものに進化させていくモデルです。

このモデルでは、ものづくり自体が顧客との接点である販売やアフターサービスを取り込んだモデルですので、ここには「ものづくり」（製造業）のビジネスプロセスと、サービス業のビジネスプロセスの2つが存在することになります。しかも、業種によっては、両者が融合する動きがみられます。

たとえば、医療用画像診断システムは、画像診断システムの開発・製造・販売・アフターサービスの製造業のビジネスプロセスと、画像診断システムを使って患者さんに最適な医療サービスを提供する病院・診療所などのサービスのビジネスプロセスがあります。

そして、このビジネスプロセスをつなげる際に重要な役割を果たすのがＩｏＴです。そのＩｏＴを支える基盤、つまりプラットフォームがそれぞれに構築されることになります。インダストリー４・０やインダストリアル・インターネットは、こうしたプラットフォームが必要となります（あるいは、インダストリー４・０やインダストリアル・インターネットの標準化などが実現すれば、これら自身がプラットフォームとなるかもしれません）。

第３のプラットフォーム、顧客・市場の輪

将来、ものづくりとサービスのプラットフォーム以外に、もうひとつのプラットフォームが重要な役割を果たすでしょう。それが、消費者など市場側のプラットフォームです。

先に述べましたが、今後の「ものづくり」（製造業）で重要となるのは、優れたＱＣＤの製品を造るだけではありません。製品の利用者（顧客）が、いかに製品を利用しているか

を理解し、それ以上に優れた利用方法や利用環境を提供することが重要となります。

ところが多くの場合、個々の顧客にとって最も優れた利用形態、最適解は市場、あるいは顧客の中にあります。それならば、最適解を与えてくれる顧客・市場を活用することが有効となります。実は消費者・市場の世界にも、ものづくりと同様、ビジネスプロセスを考えることができます。そして、そのビジネスプロセスを支えるものとして、第3のプラットフォームを考えることができるのです。

具体的には現在、さまざまな分野、用途ですでに構築されているSNSがその一例です。実際、米国のあるメーカーは、軽量化が求められるある部品の解決策を、SNSを通して集めました。結果は、当初想定していた軽量化よりも、はるかに多くの軽量化を実現することに成功しています。

このように、今後はものづくり、サービスに加え、顧客・市場のプラットフォームが、ビジネスにおいて、より重要な役割を果たすようになると考えらえます。

3つのプラットフォーム＝3つの「知恵」

「ものづくり」（製造業）、サービス、そして、顧客・市場のプラットフォームを考えた

図表4－1　3つの知恵の輪

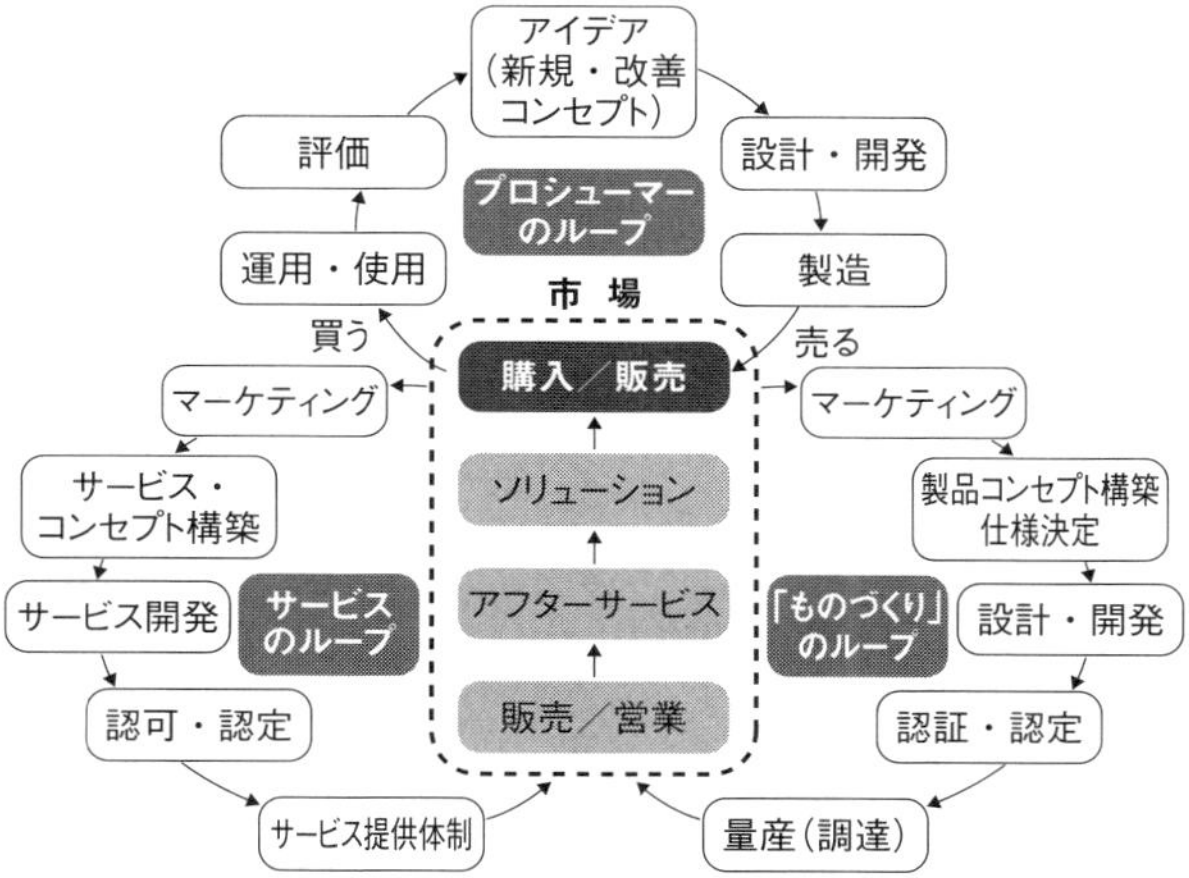

場合、最も価値を生み出すプラットフォームはどこでしょうか。これまで述べてきたように、ものづくりでは、「次に何を造ればいいか」を決定することで高い収益を獲得することができます。このことはサービスにおいても同様です。

そして、顧客・市場においても同じです。たとえば、最も優れた利用形態がどのようなものであるかという考えかたは、高い価値を生み出します。つまり、いずれにおいても、最も価値が高いのはアイデア、あるいは「知恵」ということになります。すべては優れた「知恵」が出発点となるわけです。

この知恵は、ものづくり、サービス、

顧客・市場という3つのプラットフォームのいずれにも存在しますが、実際のビジネスにおいては、3つから生み出される知恵がつながることが求められます。つまり、世の中には3つの「知恵の輪」が存在し、これらが有機的に結びついて、新たな市場、新たなビジネスを創出していくことになります。

もちろん、これは将来のものづくりを含めた産業、社会の姿の仮説です。仮にこのような世界が構築されたとしたら、その世界で大きな支配力を持つのは、3つのプラットフォームを制したプレイヤーということになります。

そのプレイヤーとは、グーグルやフェイスブックのようなSNSでしょうか。あるいはアップル、GEといったものづくりメーカーでしょうか。ウォルマートやフェデックスのような流通・サービス企業かもしれません。

将来、ものづくり企業がいかに、この「3つの知恵の輪」のプラットフォームを掌握するか。製造業はビジネスプロセス全体を包含したモデルだけでなく、IoTにより「3つの知恵の輪」を掌握することを考えていく必要があります。

2　現場を強化する、ボトムアップ的活用

日本の強さは現場力

日本のものづくりの強さ、それは現場力にあります。これまで、今後の「ものづくり」（製造業）のビジネスモデルとして、ビジネスプロセス全体を包含したモデルの重要性についてお話してきましたが、このモデルの必要条件となるのが、優れたQCDの能力です。そして、優れたQCDは、「いかにモノを造るか」の強さでもあります。この点で、すりあわせ能力や顧客ニーズに対応するカスタマイズ能力など、日本のものづくりは高い能力を有しています。

それでは、日本の優れたQCDを支えているものは何でしょうか。それは現場で働く、1人ひとりの個人の能力です。よく日本は組織力といわれますが、この考えかたは必ずしも正しくありません。実際、複数の研究により日本の職場における集団主義などは否定されています。

日本の組織は縦割り構造で、社内での組織間の軋轢が見られる、といったことをよく耳

にします。そうした中で、日本は優れた個人の能力を持ちながら、組織的には決してまとまっているわけではない部分があるのです。

結果、ものづくりにおける高い能力は、多くの場合、属人的になってきます。もちろん、すべてというわけではありませんが、縦割り組織において、高い能力が属人的なものになってしまうと、あとは個人や少数の組織の力に依存せざるを得なくなります。このことは技術や蓄積されたノウハウの伝承などにも共通してきます。つまり、属人的な色合いが強い日本の現場力を、より組織化することができれば、日本のものづくりをさらに強めていくことが可能となるわけです。

「匠の技」、職人の知恵

ところで日本の現場力には、もうひとつ課題があります。それは、「どうモノを造るか」という能力は高いのですが、顧客（特に最終顧客）とのつながりに希薄なところがみられる、ということです。その意味で、ビジネスプロセス全体を包括的にカバーするモデルが構築されていないケースが多いと考えられます。

たとえば、顧客が製品をいかに使っているかが十分に把握されておらず、そのことが結果的に「技術で勝って、ビジネスで負ける」製造業の姿につながっている、ということはすでに述べました。それでは、日本人はこうした顧客起点のものづくりが苦手なのでしょうか。

答は「ノー」です。「匠《たくみ》の技」と呼ばれて称賛される日本の職人のものづくりは、モノを造る能力（技）が優れているだけではありません。使い手のことを十分に考えてモノが造られていることも評価されているのです。

たとえば、職人が作った包丁は、使い手が使えば使うほど、手になじみ、使い手の思うようなモノへと進化していきます。優れたモノ造り能力をもった職人は、顧客のニーズやそのモノをどう使うかをよく理解しているのです。職人の世界のものづくりは、先進的なものづくりとオーバーラップするのです。

ただし、ここで問題となるのが価格です。職人が顧客1人ひとりを見て造った製品の値段は高くなりがちです。一方、規格化され、大量生産された製品の価格は安くてリーズナブルです。もちろん、顧客の使いかたまで細かく対応することはほぼできません。

ところがいま、ＩｏＴの活用により、この背反する2つのことが可能となってきているのです。

図表4－2　日本のものづくりにIoTを生かす

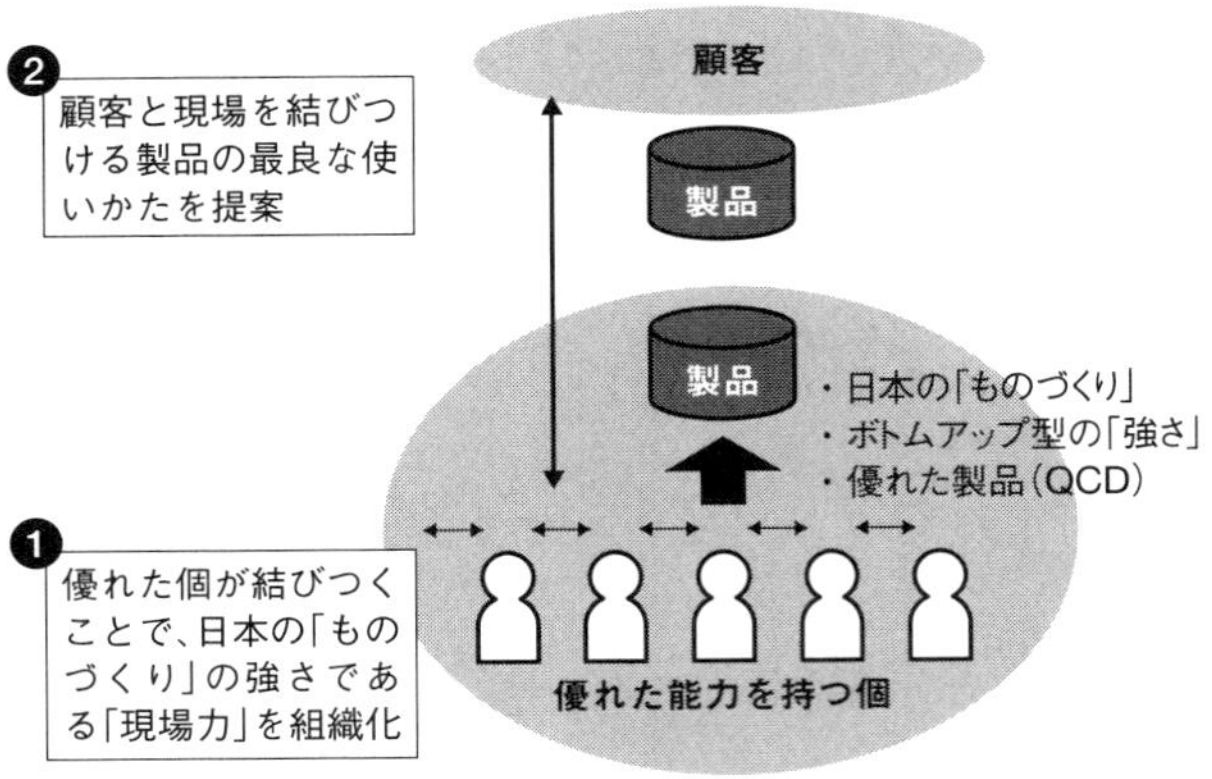
顧客
❷
顧客と現場を結びつける製品の最良な使いかたを提案
製品
製品
・日本の「ものづくり」
・ボトムアップ型の「強さ」
・優れた製品（QCD）
❶
優れた個が結びつくことで、日本の「ものづくり」の強さである「現場力」を組織化
優れた能力を持つ個

ボトムアップのＩｏＴが新しい日本の「ものづくり」を作り上げる

日本のものづくりは優れたＱＣＤの能力を持っていますが、それは属人的な色合いが強く、かつ「どう造るか」に焦点がよりあてられています。しかし、職人の技からもわかるように、日本は顧客ニーズはもちろん、顧客が最適に使うことができるモノ造りを行ってきました。しかし、ものづくりが大量生産にシフトしたことで、製品技術と量産技術で優れたＱＣＤの製品を市場に送り込むことが重要となり、その製品を顧客がどう使っているか、どう使うのがよいのかを把握することまでは、手が回らなくなっていました。

ここで、顧客の使っている製品の状況や利

用状況のデータ（ビッグデータ）を収集し、その分析をＩｏＴで実現すれば、忘れられていた顧客起点の「ものづくり」が可能となります。加えてＩｏＴを活用することで、従来属人的な色合いが濃かった日本の「ものづくり」の強さをデータとしてとらえることが可能となり、属人的な強さだけではなく、それを組織力として展開することが可能になります。

ここでＩｏＴは、第1に日本の現場力の強さである、属人的な強さを組織化することに貢献します。第2に強い現場と顧客を直接結びつけることで、顧客ニーズへの対応力、最適な製品利用形態の提言が可能となります。これは、トップダウン的にＩｏＴを使うのではなく、現場を強化するというボトムアップ的なＩｏＴの活用となります。この形態こそ、日本の現場力の強さを活かしたＩｏＴの姿なのです。

3「作り手」と「使い手」をつなぎ直す

日本で古くから尊ばれてきた「職人」の文化にはさまざまな特徴があったようですが、例えば作り手である職人と、使い手である使用者、購入者との間にもその独特の関係があったようです。どういう使われかたをするのか具体的な「使い手」の顔や生活をイメージしながら製作するだけではなく、調度品、家具、工具に多く見られたように、引き渡した後も使用感を聞き取りながら何度も調整するものが多くありましたので、自然と職人と使い手との間で、「作られたもの」を介した「共にものを大事に育んでいく絆《きずな》」のような精神世界が成立していたようです。

さらに、顔の見えない相手には作らない、売らないという関係まで出現したようですが、実はＩｏＴの世界では、この「作り手」と「使い手」の間に成立していた職人文化の世界を再び復活させることができるような可能性が見え始めています。

また、この職人の技は、師匠と弟子の間のとても近い人間関係の中で、技の使われかたまでも含めた精神面とあわせて伝承されていくという独特の徒弟制度を形成したようです。「心技体」という言葉の中でも技の前にまず心がくる、そういったものづくりの現場における技の伝承を形式知化することは自己矛盾的で難しいものを含んでいますが、ＩｏＴを活用した新しい伝承方法に対する挑戦がすでに始まっています。

「作り手」と「使い手」の距離が開いた大量生産時代

工業化による大量生産と市場経済の発展によって日々の生活には物資が豊富に行き届くようになり、物質的には大変豊かになりました。その一方で、「作り手」と「使い手」の距離が随分開いたという声を聞きます。確かに製造現場からは消費者の顔が見えず、どのような使われかたをしているかのイメージを持ちながら製造作業をすることは少なくなりました。他方で消費者からもどのような現場で「モノ」が作られているかが見えず、磨いたり修繕しながら使うよりも、「買いなおす」「買い換える」文化が次第に定着するようになりました。

しかしながら、こういった流れに抵抗し、「作り手」と「使い手」との間の絆や、ものを大切にする文化を大切にしようというこだわりが、いまだに多方面で継続されてきています。それはある意味当然です。日本中で親から子供にものを大切にする精神が「もったいない」といった言葉や、童話を通して引き継がれています。多くの家庭で20年以上大切に使われ続けている家電があります。企業側も採算を優先せずに長年使ってもまったく故障しない製品を製造・販売しようと努力し、またそのものづくりの文化を次世代に引き継ごうとしてきたのです。

ＩｏＴがつなぎ直す「作り手」と「使い手」

しかしながら企業にとって、現代の厳しいグローバル競争の中で、このものづくりの伝統を維持し続けることが、次第に難しくなりつつあります。個人にとっても、たとえば新入社員としてこの大量生産、大量消費社会のビジネスの世界に飛び込んでみてはじめて、自ら受けてきた教育や生活信条と現実のビジネスの世界に思わぬギャップがあることに気づいたりするわけです。

これに対して、ＩｏＴは「作り手」と「使い手」の間をもう一度つなぎ直す存在ともいえます。使われている「モノ」がネットにつながり続け、どのように使われているのか、稼働状況はどうなっているのか、どこで使われているのかといった情報を確認し続けることができます。実際にそういうダンプカーや、飛行機のエンジンが生まれてきています。

そういった仕組みは、日本が育ててきた職人文化ととても相性がよいのです。新しいものづくりにＩｏＴをどのように活用すればよいかを具体的に考えるときに、この文化の基盤が助けになると考えられます。

ずっとこだわり続けて維持してきた日本の職人文化が、ＩｏＴと融合し、いままでにない新しい世界を拓くことが期待されているのです。

4　文化・地域の力を引き出す

IoTで地域課題を解決

IoTを活用し、生産性を向上させ、新たな価値を創造することで、地域活力を高める取り組みが進んでいます。大都市に比べて人手が少ない地方にとって、生産性の向上によって地域力を高めることは重要です。

IoTは、人口減、高齢化の進む地方では、福祉、医療サービス分野は当然のこととして、文化や地域力をアピールするための観光分野、農業、そしてそうした機会創出のための教育分野に寄与します。

観光分野では、地域の文化に新たな価値を見出し、収入確保に寄与します。地方の資産を再発見し、有効活用することをIoTは可能にします。

これまで地域の観光マーケティングでは、データを用いて定量的に分析することが難しい面がありましたが、IoTはこれを可能にしつつあるのです。たとえば、GPSを用いた位置情報データから、観光地への滞在時間、周遊パターンを分析することができます。

また、ウェブ上にある情報、特にＳＮＳの口コミ情報などを集めたビッグデータについて分析し、地域の観光資源の魅力を評価することもできます。

さらに、それらを組み合わせることで観光客のニーズを把握することができ、新たな観光周遊ルートが開発できるようになるでしょう。観光地では、おもてなしという強みも、ＩｏＴにより洗練されるかもしれません。商業、集客、交通施設などで困っている人を自動で感知し、助けるようにすることで、顧客満足度も高まるでしょう。

農業分野では、センサーやロボットなどを使い、農業機械の自動化による生産性向上や、高付加価値化を目指す「スマートアグリ」が進むでしょう。国土が九州と同規模のオランダで、この分野へのチャレンジがすでに進んでいます。そこでは、農業ハウス内で、二酸化炭素や水といった栽培環境を自動でコントロールできるようになっています。

こうした取り組みが進むと、地域の農業にとって多くの効果が波及し、地域力を高めることにつながるでしょう。生産者に個別に蓄積されてきたノウハウは、デジタル化で形式知化されます。新しい農業の担い手たちに、作物の生育環境と生育状況に応じたアドバイスがしやすくなり、品質のよいものを消費者に提供できるようになるでしょう。

品質のよいものが一定の規模で安定的に生産できるようになると、海外市場に向けて輸出することもできます。低価格なスマートアグリが普及すると、中小規模の農家や新規参入を希望する人たちにとっても、農業が身近なものになるでしょう。

教育分野では、「教育」×「ＩＴ」が進みます。地理的制約が克服され、世界中の大学の講義を視聴することができるようになります。また今後、学習履歴がデジタル化されることで、個人の学習スタイルや、学習習熟度を解析し、個々人に最適な教材、学習スタイルなどが自動的に提供されるようになります。その結果、大都市と地方で学習機会による学力差は小さくなっていくでしょう。

ＩｏＴで変わる地域のものづくり

ＩｏＴの普及は、ものづくりにおいても、地方の弱みを払拭し、軽減することができます。何度か触れましたが、ＩｏＴの普及により、いつでもどこでも情報を取り出せるようになり、地理的制約が克服されます。また、ビッグデータの分析により、パターン化、モデル化がしやすくなり、ビジネスプロセスの標準化も進みます。作業場所を問わず、同品質のものがどこでも生産できるようになるのです。

この結果、作業員のスキル、ノウハウに応じた、専門家からのアドバイスが受けやすく

図表4－3　地方の強みを分析する

内部環境	外部環境
《強み》 地方の文化に根ざした対応促進 →多品種少量生産への対応	《機会》 地域の新たな価値創造機会 →データにもとづく戦略
《弱み》 情報は大都市、中央に集中 →情報を地方の現場で活用	《脅威》 情報がオープンになり模倣されやすい →地域オリジナリティの強化

なります。また、今後、３Dプリンターの普及にともない、あらゆるものが現地で生産され、消費される流れが出てくるかもしれません。

一方、地方の強みをビジネスモデルとして活かせるようにもなります。日本各地には文化に根差した工芸品・特産物があります。こうしたものには、日本人の繊細さ、こだわり、職人気質が生きています。こうした商品に対する姿勢は、今後プロトタイプを開発しながら、多品種少量生産していく傾向が進む中で、さらに強みを発揮することでしょう。

情報が場所を問わず、つながるということは、どこでも同じようなことが簡単にできてしまうということでもあり、地方の特性が活きないリスクもあります。これに対しては、アナログなものとの組み合せが重要となります。デザインなどの差別化要因が、競争力の源泉となるでしょう。

ＩｏＴは、地方にこそ恩恵がある

これまで情報の活用は、大都市、中央を中心としたマーケティング活動で活用され、そこでビジネスを創造させるケースがほとんどでした。地方は情報の出し手にとどまらざるを得なかったのです。

しかし、ＩｏＴで収集、分析される情報は、主に現場で発生し、現場で活用されるべき情報です。そうした情報は、たとえ大都市で集中管理されたとしても、その現場である地方において有効に活用されるべきものです。情報が蓄積されている場所に価値があるのではなく、情報が発生する現場に近いところで、それをどう活用するかが求められているのです。

このように、ＩｏＴの普及は今後、文化・地域の力を引き出すことに使えるようになります。地方にこそ、ＩｏＴの恩恵があるのかもしれません。

執筆者紹介

【企画・監修　責任者】三菱総合研究所　企業・経営部門
　　高橋　朋幸（事業推進グループ　参与）

【企画・監修】三菱総合研究所　企業・経営部門
　　奥田　章順（事業推進グループ　参与）
　　大川　真史（事業推進グループ　主任研究員）

【執筆】三菱総合研究所　企業・経営部門
序　章　　高橋　朋幸
第１章　　大川　真史
第２章　　為本　吉彦（事業推進グループ　主席研究員）
　　　　　大山　元（経営コンサルティング本部　主任研究員）
第３章　　奥田　章順
　　　　　大川　真史
　　　　　古屋　俊輔（事業推進グループ 兼 経営コンサルティング本部　主席研究員）
　　　　　細川　卓也（事業推進グループ　主席研究員）
第４章　　高橋　朋幸
　　　　　奥田　章順
　　　　　細川　卓也
キーワード　細川　卓也
　　　　　　村山　淳（事業推進グループ　主任研究員）
　　　　　　山崎　大介（事業推進グループ　主任研究員）
　　　　　　大川　真史

【監修】三菱総合研究所　企業・経営部門
　　高寺　正人（副部門長　執行役員）
　　橋本　裕彦（経営コンサルティング本部　主席研究員）

三菱総合研究所

約650名の研究員を擁し、1970年の創業以来、企業経営、インフラ整備、地域経営、教育、医療、福祉、環境、資源、エネルギー、安全防災、先端科学技術、ICTなどさまざまな分野で、時代を牽引する役割を担う総合シンクタンク。企業や国・自治体が抱える問題の解決策を提案、その実行までを支援する。

日経文庫1344

IoTまるわかり

2015年9月15日　1版1刷
2018年2月5日　　18刷

編　者　三菱総合研究所
発行者　金　子　豊
発行所　日本経済新聞出版社

http://www.nikkeibook.com/
東京都千代田区大手町1-3-7　郵便番号100-8066
電話（03）3270-0251（代）

装幀 next door design
組版 マーリンクレイン
印刷・製本 シナノ印刷

ISBN978-4-532-11344-5

Printed in Japan